KB013590

한국농어업유산 총서 I

울진 금강소나무 농업유산

한국농어업유산 총서 I

울진 금강소나무 농업유산

초판 1쇄 인쇄 ∣ 2020년 7월 25일
초판 1쇄 발행 ∣ 2020년 7월 31일

글·사진 ∣ (사)한국농어촌유산학회
펴낸이 ∣ 김남석

발행처 ∣ ㈜대원사
주　소 ∣ 06342 서울시 강남구 양재대로 55길 37, 302
전　화 ∣ (02)757-6711, 6717～9
팩시밀리 ∣ (02)775-8043
등록번호 ∣ 제3-191호
홈페이지 ∣ http : //www.daewonsa.co.kr

Daewonsa Publishing Co., Ltd
Printed in Korea 2020

ISBN ∣ 978-89-369-2133-0

이 책의 국립중앙도서관 출판시 도서목록(CIP)은 e-CIP홈페이지(http : //www.nl.go.kr/ecip)에서
이용하실 수 있습니다. (CIP제어번호 : CIP2019052705)

한국농어업유산 총서 I

울진 금강소나무 농업유산

글·사진 (사)한국농어촌유산학회

대원사

1 농업유산의 의미

농업유산의 개념은 간단히 말하면 전통적인 농업 활동이 이루어지고 있는 농업 시스템과 이로 인하여 조성된 생물 다양성이 풍부한 경관지역을 의미하는 것으로 해석할 수 있다. 그러므로 농업유산이란 전통적 농업 시스템, 고유한 경관, 생물 다양성의 세 가지 요소를 기본으로 한다고 볼 수 있다.

농업유산이란?

지난 수세기에 걸친 산업화로 인류는 오늘날 전대미문의 물질적 풍요를 구가하고 있다. 그러나 그로 인해 초래된 자연생태계의 파괴, 급속한 지구온난화 등으로 인해 인류는 또 다른 위기에 봉착해 있다. 그동안 풍요 속에 위기가 잉태되어 온 것이다. 사실 지금과 같은 개발이 지속된다면 인류의 생존이 얼마나 더 가능할지 의문이다. UN은 일찍이 이 같은 위기 상황을 직시하고 이에 대응하기 위한 다양한 운동을 전개하고 있다. UN 산하 국제식량농업기구(FAO : Food Agriculture Organization) 역시 농업부문에서 인류의 생존을 지켜 내기 위한 노력의 일환으로 농업유산제도를 운영하고 있다.

실제로 FAO의 농업유산제도는 UN의 '지속 가능한 개발' 아젠다의 실행과 관련하여 도입되었다. UN의 지속 가능한 개발 아젠다는 일찍이 1992년에 브라질 리우에서 열린 UN환경개발회의에서 채택되었다. UN은 이 회의에서 "지구를 건강하게, 미래를 풍요롭게"라는 슬로건 아래 114개 정상들이 모여 지속 가능한 개발을 위한 기본 원칙을 제정하고 서명한 바 있다.[1] 이 회의에서 정상들은 현재 진행되고 있는 현대식 농법, 그리고 공업화는 인류의 생존을 위협하며 미래 세대의 생

***

1) 이에 앞선 1972년에 로마 클럽에서 발간한 '성장의 한계'에서 지속 가능성에 대한 개념이 등장한 바 있다. 이 보고서에 인구 증가나 환경오염이 이대로 계속된다면 100년 이내에 지구의 성장은 한계에 직면한다고 경고한 바 있다.

존을 보장할 수 없으므로 이를 대체하거나 보완하는 새로운 형태의 발전을 지향해야 한다는 것에 합의하였다. 그리고 이와 같은 아젠다를 달성하기 위하여 UN 산하의 각 기구별로 다양한 형태의 프로젝트를 시행하였다. FAO는 2002년에 지속 가능한 개발을 위한 농업부문의 프로젝트 가운데 하나로 세계중요농업유산(GIAHS : Globally Important Agricultural Systems)제도를 도입하여 시행하게 된 것이다.

지속 가능한 개발 아젠다는 2015년에 열린 UN 총회에서 더욱 구체화되었다. 이 회의에서 세계 각국의 정상들이 국제사회의 최대 현안으로 지속 가능 개발 목표(SDGs : Sustainable Development Goals)를 선정하고 서명한 바 있다. 17개의 주목표 가운데 특히 농업유산과 관계되는 것은 2번째 식량안보의 달성, 14번째 어족자원 보호, 그리고 15번째 생물 다양성 증진 등이다.[2] 농업유산제도는 이와 같이 UN의 지속 가능한 개발 목표의 실천과 긴밀한 관계 속에서 운영되고 있다.

이 가운데 먼저 FAO의 GIAHS가 지속 가능한 개발 목표 가운데 2번째인 식량 안보의 달성과 어떤 연관성이 있는지 살펴보자. FAO에 의하면 세계 각국은 지금까지는 식량 확보를 위하여 농업의 현대화, 대농화 전략을 추진하였다. FAO는 이러한 전략이 과연 개도국의 식량 확보에 도움이 되는가라는 점에 대하여 근본적 의문을 제기한다. 개도국에 대한 실제 조사에 의하면 전통 농법이 대농보다 토지생산성이 더 높다고 한다. 실제로 그렇다면 개도국은 굳이 대농을 고집할 필요가 없으며, 그보다는 풍부한 노동을 이용하여 전통 농업을 고수하는 것이 식량 증산에 도움이 될 수 있다. 노동이 부족하고 자본이 풍부한 선진국에는 기계화 농법에 의한 현대적 대농이 효율적이지만 자본보다는 노동이 풍부한 개도국에는 선진국의

***

2) 지속 가능 개발 목표는 17개의 주목표와 169개의 세부 목표로 구성되었다. 14번째 목표는 어업, 2번째와 15번째 목표는 농업유산과 관련된다. UN은 이 목표를 2016년부터 시작해서 2030년까지 달성하고, 그 결과를 다시 점검하기로 하였다.

현대적 농법은 오히려 식량 생산을 감소시키므로 적합하지 않을 수 있다. 따라서 개도국의 빈곤 문제 해결을 위하여 전통 농업을 보전하는 것이 식량 증산에 도움이 되므로 이를 장려하는 것이 오히려 바람직한 측면이 있다.

다음으로 GIAHS는 UN의 15번째 목표인 생물 다양성과 연계된다.[3] '농업유산'이란, 오랜 역사 속에서 수많은 위기와 역경을 극복하고 살아남아 현재까지 전승되고 있는 전통이다. 즉, 농업유산은 적자생존의 과정을 거치면서 자연 선택(Natural selection)된 것이므로 내성이 강하며, 나름대로 강한 경쟁력을 가진 것이다. 때문에 향후 직면할 수 있는 자연적 재앙에서 생존의 가능성이 매우 높다. 이러한 특성 때문에 UN은 향후 닥칠지 모르는 식량 위기에서 인류를 구원할 대안으로 농업유산을 중시한다. 예를 들어, 유전자 변형(GMO : Genetically Modified Organisms)에 의한 식량이 예기치 않게 중대한 질병의 원인으로 밝혀졌다고 하자. 이러한 상황에서 만약 재래종자들이 지구상에서 모두 사라져 버렸다면 어떻게 될까? 인류는 돌이킬 수 없는 식량의 위기 상황에 직면하게 될 것이다. 2014년에 개봉한 영화 〈인터스텔라(Interstellar)〉에서는 어느 미래에 인류가 기후변화로 식량 위기에 직면하게 되고, 농업을 다시 육성하려고 하지만 여의치 않게 되자 우주를 탐험하기 위해 나선다는 얘기를 담고 있다. 이와 유사한 이야기는 국내의 지상파 방송국에서 역시 방영한 바 있다.[4] 여기에서 보면 짧게는 수백 년, 길게는 수천 년에 걸쳐 재배되어 온 종자의 74%가 상실되었다고 한다. 종자 집단 소멸의 원인으로 농업의 기업화·기후변화·물 부족·지구온난화 등이 거론되는데, 품종 감소는

***

3) 15번째는 특히 산림유산과 관련이 있다. 내용을 보면 "지속 가능한 육상 생태계 이용을 보호·복원·증진하고, 산림을 지속 가능하게 관리하며, 사막화를 방지하고, 토지 황폐화를 중지, 생물 다양성 손실을 중단한다."는 것이다.

4) KBS 스페셜 〈종자, 세계를 지배하다〉, 2014

향후 인류에 치명적 결과를 초래할 수 있다고 경고한다.[5] UN에서는 이렇게 그대로 방치하면 사라질지도 모르는 재래 종자와 같은 생물 다양성의 보존이 미래에 인류 구원의 열쇠가 될 수 있음을 강조한다. 울진의 금강소나무 숲의 경우에도 금강소나무의 종자는 수천 년 동안 이 땅을 지켜 온 재래종으로, 우리의 삶과 깊이 관련을 맺고 있다. 향후 기후변화, 병충해 등으로 금강소나무 숲 역시 위기에 직면할 수 있다. 그러므로 현 시점에서 보호를 위한 우리의 적절한 노력이 필요하다. 정부는 금강소나무 숲을 대대로 지켜온 이 지역주민들의 귀중한 전통을 높이 평가하여 이 지역을 국가중요농업유산 지역으로 지정한 바 있다.

이상에서 언급한 FAO의 GIAHS제도상에서 정의된 농업유산의 개념은 우리가 통상적으로 말하는 사전적 의미의 농업유산과는 다소 차이가 있다. 사전적으로는 농업유산이란 토지를 이용하여 인간에게 유용한 동식물을 길러 생산물을 얻어내는 산업과 선조가 남긴 전통을 의미하는 유산의 복합어이다. 그러므로 농업유산을 통상적으로 정의하면 토지를 이용하여 동식물을 길러 내는 농업 활동과 관련하여 선조가 남긴 보전할 만한 가치를 지닌 정신적, 물질적 전통이란 의미로 이해할 수 있다. 그런데 이상에서 언급한 바와 같이 FAO는 2002년에 GIAHS제도를 도입하면서 이 같은 농업유산의 통상적 개념에다가 UN의 지속 가능한 개발 목표의 이념을 추가하여 농업유산의 개념을 새로운 의미로 정의하였다. 이렇게 만들어진 FAO에서 사용되는 농업유산의 개념은 간단히 말하면 전통적인 농업 활동이 이루어지고

***

5) 노르웨이령 스발바르 섬에는 국제 종자 저장고가 있다고 한다. 일명 '현대판 노아의 방주'로 불리는 이곳에는 각국에서 위탁한 종자들이 영구 보존되어 있다. 국제 종자 저장고는 지하 갱도 130m 깊이에 영하 18℃의 3개 보관소로 이뤄져 있는데, 총 450만 점의 종자를 보관할 수 있다고 한다. 우리나라도 2008년에 토종작물 종자 등 1만 3000여 점을 이곳에 보관하기로 양해각서를 채결한 바 있다.

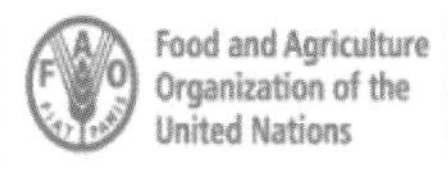

* http://www.unece.org

UN의 지속 가능 개발 목표와 FAO의 세계중요농업유산

있는 농업 시스템과 이로 인하여 조성된 생물 다양성이 풍부한 경관지역을 의미하는 것으로 해석할 수 있다. 그러므로 농업유산이란 전통적 농업 시스템, 고유한 경관, 생물 다양성의 세 가지 요소를 기본으로 한다고 볼 수 있다.

국가중요농업유산

우리나라는 2020년 현재 국가중요농업유산제도와 국가중요어업유산제도를 두고 있다. 2012년에 먼저 국가중요농어업유산제도가 구 농림수산부에 의해 도입되었다. 당시에는 지금의 농림축산식품부와 해양수산부가 분리되기 이전이므로 작물 및 임·축산업 관련 유산 업무와 어업유산 업무가 통합되어 있었다. 그러다가 2013년에 농림수산부에서 수산 업무가 분리되어 해양수산부로 독립됨에 따라 정부는 기존의 국가중요농어업유산제도를 농림축산식품부의 국가중요농업유산제도와 해양수산부의 국가중요어업유산제도로 분리하여 운용하게 되었다. 그러므로 현재 농림축산식품부 주관의 국가중요농업유산제도에서는 작물 및 임·축산업 관련 유산이 지정 대상이며, 해양수산부 주관의 국가중요어업유산제도에서는 어업 관련 유산이 지정 대상이 되고 있다.

우리의 국가농어업유산제도상에서 농업유산 또는 어업유산의 개념은 모두 다음에서 설명할 FAO의 정의를 참고하여 유사하게 마련되었다. 즉, 국가농어업유산이란 전통적인 농어업 활동이 이루어지고 있는 농어업 시스템과 그리고 그로 인하여 형성된 생물 다양성이 풍부한 경관을 의미한다. 이 같은 정의에서 보면 국가중요농어업유산은 전통적 농어업 시스템, 고유한 경관, 생물 다양성이란 세 가지 요소를 기본적 개념으로 하고 있다. 국가중요농어업유산의 기본 개념 가운데 첫째, 전통적 농어업 시스템이란 조상 때부터 현재까지 전승되어 온 농어업 방식으로, 현재에도 농어업 활동이 이루어지고 있으며, 앞으로도 전승할 만한 가치가 있는 것을 말한다. 이는 다시 말하면 농어업유산이 현재 주민의 생활과 깊은 관련을 맺고 있음을 의미한다. 둘째로, 경관이란 전통적 농어업 시스템이 작동하는 면적인 요소를 말한다. 이는 단순한 자연경관만이 아니라 전통적 농어업 방식에 의해서 조성된 인공적 요소를 포함하는 경관이다. 그러므로 농어업유산으로서의 경관은 농촌 또는 어촌의 경관을 의미한다. 이러한 경관은 농어업 활동이 이루어지고 있는 논밭이나 어장은 물론이고 이에 인접한 생태 지역을 포함한다. 셋째로, 생물 다양성이란 전통적 농어업 활동에 의해서 보호되거나 증진되고 있는 동식물은 물론이고 미생물 등을 포함하는 다양한 생물의 종을 의미한다. 그러므로 농어업유산에서 의미하는 생물 다양성은 구체적으로 말하면 '농어업 생물 다양성'이라고 할 수 있다.

2020년 전반기 현재 국가중요농업유산 지역으로 15개, 국가중요어업유산 지역으로 7개가 지정되어 있다. 울진의 금강송 농업유산 지역은 2016년에 국가중요농업유산 제7호로 지정된 바 있다. 울진 금강송 농업유산 지역은 전통적인 육림 및 임산물 생산 시스템이 잘 전승되어 오고 있는 지역이다. 금강소나무 숲에 의해 조성된 수계가 하단의 논밭으로 연결되어 비옥한 토질을 조성함으로써 다양한 작물의 재배를 가능하게 한다. 즉, 전통적 산지농림업 시스템이 현재까지 잘 작동되고 있다. 그리고 주민들의 농림업 활동이 매우 자연친화적으로 이루어지고 있어서 이 지역은 생물 다양성이 매우 풍부하다. 그래서 이 지역은 우리나라에도 생태환경 우수 지역 가운데 하나로 손꼽히고 있다. 또한 주민들의 농사활동과 이와 관련된 생활 문화 등이 반영된 농산촌 경관은 매우 수려할 뿐 아니라 고유한 특징을 잘 보여 주고 있다. 그러므로 이 지역은 국가중요농업유산제도에서 정의하는 농업유산의 세 가지 요소 즉, 전통적 농림업 시스템, 고유한 경관, 생물 다양성이라는 세 가지 요소를 매우 잘 충족하고 있다고 볼 수 있다.

울진 금강소나무 숲

울진 금강소나무 숲

그럼 국가중요농업유산으로의 지정은 어떤 의미를 갖는가? 사실 지역민들은 국가중요농업유산으로 지정되면 그것이 그들의 삶에 어떤 의미를 갖는지에 대하여 매우 궁금해한다. 한 지역이 국가중요농어업유산으로 지정되면 여러 측면에서 기대되는 편익이 많다. 금강소나무 숲의 경우에 농업유산 지역으로 지정되면 금강소나무 숲의 중요성이 지역을 넘어서 전국적 차원뿐만 아니라 세계적 차원으로 널리 알려지는 효과를 기대할 수 있다. 이를 위하여 지역뿐만 아니라 국가적 차원에서도 지원하는 활동이 지속해서 이루어진다. 그리고 금강소나무 숲에 대한 연구가 국가적 차원에서 체계적으로 이루어지고, 이를 바탕으로 금강소나무의 가치를 지속적으로 보전할 수 있는 방안과 전략, 그리고 프로그램 등이 수립되어 실행된다. 이러한 활동의 결과로 금강소나무 숲의 가치에 대한 인식이 제고되면 울진에서 생산되는 각종 제품의 브랜드 가치가 향상된다. 그리고 이와 같은 울진 지역의 브랜드 가치 향상은 지역민의 자긍심을 높임은 물론이고 지역상품의 수출, 관광 등의 활동을 촉진함으로써 지역경제 활성화에 기여하게 될 것이다.

또한 지역민은 국가중요농업유산이 유네스코의 자연유산이나 문화유산과 다른 점은 무엇인지에 대하여 궁금해할 수 있다. 사실 이러한 의문은 당연하다. 농업유산제도는 국내에 2012년에 소개되었으므로 유네스코 세계유산제도에 비하여 그 역사가 매우 일천하다. 그러므로 일반인이 유네스코의 세계유산에 비하여 FAO의 농업유산제도를 잘 인지하지 못하는 것은 당연하다. FAO의 농업유산제도와 유네스코의 세계유산제도는 유사한 점이 있는 것도 사실이지만 두 제도는 근본적인 차이가 있다. 이에 대한 구체적인 설명은 다음에서 하기로 하고, 여기서는 일단 규제의 면에서 유네스코 유산은 원형 보존을 위하여 규제 장치가 있는 반면에 농업유산제도는 활용에 초점을 두고 보전을 지향하고 있다는 점을 지적해 둔다.

이외에도 지역민들은 농업유산제도가 어느 정도의 국가적 또는 국제적 신용성

고유한 경관(Landscapes and Seascapes Features)

농업유산 지역은 인간과 환경 간의 상호 작용을 통하여 오랜 세월에 걸쳐 형성된 것으로 안정된 모습을 가지며, 매우 서서히 진화하는 것처럼 보인다. 농업유산 지역의 형상과 모양, 그리고 상호 연계성은 이를 만들어 낸 오랜 역사성과 지역의 사회경제적 체계와의 강한 연관 관계에 의해 특징지어진다. 농업유산 지역의 안정성과 그리고 서서히 이루어지는 진보는 일정 지역에서 식량 생산과 환경 및 문화

실행 계획(Action Plan)

GIAHS에 등재되기 위하여 지정을 신청을 할 때는 농업유산의 동태적 보전을 위한 실행 계획을 함께 제출해야 한다. 실행 계획에 포함될 각 항목은 위협과 도전의 분석에 대한 설명이며, 다음과 같은 보완적 정보를 갖는 농업유산 시스템의 동태적 보전을 증진하기 위하여 다양한 이해관계자들에 의해 그 지역에서 수행되고 있거나 앞으로 수행될 정책·전략·활동 및 결과에 대한 상세한 설명이어야 한다. 각 항목에 포함될 보완적 정보는 다음과 같다.

- 농업유산의 현상 유지, 지속 가능성, 활성화와 관련하여 나타나는 사회·경제적 압력과 환경적 변화를 포함하는 위협 요인과 이에 대한 도전을 분석하고 규명할 것.
- 제안서의 정책·전략·활동이 무엇이며, 이것들이 농업유산의 위협 요인에 어떤 효과를 가질 것인가?
- 제안된 정책·전략·활동이 농업유산 지역의 동태적 보전에 어떻게 기여할 것인가?
- 지역공동체를 포함하여 이해관계자들이 어떻게 구성되었으며, 이들이 지역·국가·국제적 수준에서 실행 계획을 어떻게 지원할 것인가?
- 정책·전략·활동이 지역·국가·국제적 수준에서 기금 및 자원을 어떻게 동원할 것인가?
- 실행 계획의 이행에 대한 진전 및 효과를 어떻게 모니터링하고 평가할 것인가?

알제리, 튀니지의 대추야자 오아시스 농업

일본의 미나베-타나베 우메 농업

* www.fao.org/giahs

알제리, 튀니지와 일본의 세계중요농업유산

의 통합을 나타내는 증거이다. 이 같은 농업유산 지역은 토지이용 모습, 수자원 관리 체계와 같은 복잡한 토지이용 체계의 모습들을 갖게 된다.

농업유산과 유네스코의 세계유산

UN이 운영하는 유산제도에는 위에서 언급했듯이 FAO의 세계중요농업유산제도 이외에도 유네스코의 세계유산제도가 있다. 두 제도는 유사한 듯 보이지만 분명한 차이점이 있다. 두 제도가 유엔의 기구로서 별도로 운영되는 것은 각각의 제도가 지향하는 목적과 특징이 다르기 때문이다. 두 제도 가운데 먼저 도입된 것은 유네스코의 세계유산제도이다.

유네스코 세계유산제도는 일찍이 1972년에 세계의 자연유산과 문화유산의 보호에 관한 협약(Convention concerning the protection of the world cultural and natural heritage)을 체결함으로써 도입되었다. 유네스코는 이 제도를 통하여 국제적 차원에서 협력을 통하여 국제적으로 중요한 유산을 보호하려는 노력을 지속하고 있다. 유네스코의 세계유산은 크게 세계자연유산, 세계문화유산, 세계복합유산으로 분류된다. 그 후 1992년에 문화적 경관의 개념을 세계문화유산에 추가하였다. 이외에도 인류의 무형유산(2003), 세계의 기록유산(1997)이 다시 추가되게 되었다. 이 가운데 일반인에게는 다소 생소하지만 문화적 경관의 개념은 기존의 문화유산 개념에 자연의 개념 요소를 가미하는 방식으로 만들어졌는데, 이 개념은 FAO의 세계중요농어업유산 개념에 가장 가깝다.[11]

***

11) 앞의 책, pp. 34~41.

우리에게 가장 친숙한 유네스코 유산 가운데 자연유산과 문화유산이 농업유산과 어떻게 다른가? 유네스코의 정의에 따르면[12)] 자연유산은 보편적 가치를 지니는 자연적 생성물과 자연 지역이나 자연 유적지를 지정 대상으로 한다. 이렇게 정의된 유네스코의 자연유산의 개념은 GIAHS의 개념과 유사한 듯 보이나 근본적인 차이점이 있다. 두 개념 모두 미관, 생태, 과학의 측면에서 세계적으로 보존할 만한 가치를 갖는 유산을 대상으로 한다는 점에서 유사하다. 그러나 유네스코의 자연유산은 자연적 생성물을 대상으로 하는 데 반해 FAO의 GIAHS는 농림·어업 활동에 의해 인공적으로 형성된 생산 활동지역이 과학적, 심미적, 그리고 생물 다양성의 관점에서 보존할 가치를 가져야 한다는 점에 차이가 있다. 특히 FAO의 GIAHS제도에서는 생물 다양성의 가치를 유네스코보다도 더욱 중시하고 있다. 그리고 문화유산은 유네스코의 정의에 의하면 기념물·건조물군·유적지로 세분화하고, 각각이 세계적으로 보편적 가치를 갖는 것으로 정의한다.[13)]

이상과 같이 분류된 문화유산의 정의에서 보듯이 문화유산이 자연유산과 다른

***

12) 유네스코에 의하면 자연유산(Natural Heritage)이란 무기적 또는 생물학적 생성물들로부터 이룩된 자연의 기념물로서 관상상 또는 과학상 현저한 보편적 가치를 갖는 것, 지질학적 및 지문학적 생성물과 이와 함께 위협에 처해 있는 동물 및 생물의 종의 생식지 및 자생지로서 특히 특정 구역에서 과학상·보존상·자연 미관상 현저한 보편적 가치를 갖는 것, 그리고 과학·보존·자연미의 시각에서 볼 때 뛰어난 보편적 가치를 주는 정확히 드러난 자연 지역이나 자연 유적지를 말하는 것으로 정의한다.

13) 기념물에는 건축물, 기념적인 의의를 갖는 조각 및 회화, 고고학적 성격을 띠고 있는 유물 및 구조물·금석문, 혈거 유적지 및 혼합 유적지 중 역사·예술 및 학문적으로 현저하게 세계적 가치를 갖는 유산을 말한다. 둘째, 건조물군에는 독립된 또는 연속된 구조물들, 그것의 건축성·균질성·입지성으로부터 역사적·미술적으로 현저한 보편적 가치를 갖는 유산이 해당된다. 셋째, 유적지에는 인공의 소산 또는 인공과 자연의 결합의 소산 및 고고학적 유적을 포함한 구역에서 역사상·관상상·민족학상 또는 인류학상 현저한 보편적 가치를 갖고 있는 유산들이 포함된다.

점은 자연유산이 자연의 소산이라면 문화유산은 인공의 소산이거나 인공과 자연의 결합의 소산이라는 점이다. 그러므로 문화유산의 개념은 자연유산보다 FAO의 GIAHS 개념에 가깝다. 특히 문화유산은 사람에 의한 결과물, 또는 사람과 자연의 결합에 의한 결과물을 그 대상으로 포함하고 있다. FAO의 GIAHS 개념 역시 자연과 사람의 결합과 그 결과물을 대상으로 포함한다는 점에서 두 개념 간에 유사성이 있다. 그러므로 문화유산의 대상으로 농어업과 관련된 구조물, 유적지 등이 그 대상으로 포함될 수 있다. 그러나 문화유산에서는 인공과 자연의 결합의 소산으로서의 단순한 유적지를 그 대상으로 하지만, FAO의 GIAHS의 대상이 되기 위해서는 이에 더하여 현재에도 농어업 활동이 이루어지고 있고, 이로 인해 주민의 생계유지에 도움이 되고 있으며, 또한 그 결과로서 생물 다양성의 증진이 촉진되어야 한다. 그러므로 문화유산이라고 해서 모두 농어업유산이 되는 것은 아니다.

다음으로 유네스코가 세계유산에 추가한 복합유산과 문화적 경관의 개념은 GIAHS의 개념에 더욱 근접한다. 두 제도는 유네스코가 문화유산제도를 운영하는 과정에서 나타난 문제점을 보완하기 위하여 추가로 도입한 것이기 때문이다. 복합유산의 경우는 문화유산의 지정이 인공적으로 이루어진 유적, 유물 등에 주로 치우친다는 지적과 비판을 받게 됨에 따라 유네스코가 그에 대한 반성으로 자연유산과 문화유산의 요소를 동시에 가지고 있는 유산제도로 도입한 것이다. 그러므로 복합유산은 문화적 가치와 자연적 가치를 동시에 가지고 있는 유산으로 정의할 수 있다.[14] 그러므로 복합유산은 문화유산보다 GIAHS의 개념에 더욱 근사하다. 그러

***

14) 세계유산에는 등재 조건이 총 10개 항목이 있는데, 이 중 1~6번은 문화유산의 조건이고, 7~10번은 자연유산의 조건이다. 열 가지 중 한 가지만 충족하면 세계유산이 되지만 복합유산의 경우는 1~6번 중 한 가지 이상, 그리고 7~10번 중 한 가지 이상을 충족시켜야 한다(앞의 책, p. 40).

나 두 개념은 여전히 차별성을 가진다. 즉, 복합유산이 문화적 요소뿐만 아니라 자연적 요소로서 생물 다양성의 개념을 포함할 수 있지만 그럼에도 불구하고 복합유산의 개념 속에는 현재 농어업 활동이 진행되고 있어야 하며, 주민과 환경의 동반적 적응 과정 등이 포함되기에는 한계가 있다. 따라서 복합유산 역시 GIAHS 개념과 구별된다.

그런데 유네스코는 1994년에 복합유산의 개념을 더욱 정치화시켜 이와 별도로 문화적 경관의 개념을 도입하여 이를 문화유산의 범위에 포함시켰다. 위에서 설명된 바와 같이 문화유산의 개념에는 GIAHS 개념에 들어 있는 생물 다양성과 현재 진행형으로서 살아 있는 유산이라는 관점이 결여되어 있었다. 유네스코에서는 이러한 차이점을 고려하여 문화적 경관(Cultural landscape)의 개념을 새로 도입하였다. '문화적 경관'이란, 인간의 행위와 자연과의 결합의 소산을 대상으로 하며, 구체적으로는 정원 및 공원 등과 같이 인간의 설계 의도에 의하여 창조된 경관(Designed landscape), 현재까지 남아 있으면서 유적 등의 기념물과 일체가 되어 유기적으로 진화된 경관(Organically evolved landscape), 그리고 신앙 및 종교·문학 등 예술 활동과 관련된 결합된 경관(Associative landscape)을 의미한다.[15] 이와 같이 정의된 문화적 경관의 개념에는 자연적 요소, 인공적 요소, 그리고 문화적 요소 등이 모두 포함되어 있으므로 GIAHS의 개념과 더욱 유사하다. 그러나 문화적 경관은 어디까지나 유적을 중심으로 한 경관을 강조하는 데 반해, GIAHS의 개념은 소프트웨어적 요소로서의 생산 및 생활 시스템에 초점을 두고 있다는 점에서 단순히 경관을 강조하는 문화적 경관의 개념과 차이가 있다.

***

15) 오만근, 〈문화적 경관 개념의 도입과 보호 체계〉, 《국토논단》. 2005, pp. 98~99.

농업유산의 보전과 지역 발전

농업유산이 다른 유산제도와 다른 가장 큰 차이점은 정부가 보전을 위하여 강제적 규제를 하는 것이 아니라 농업유산의 경제적 활용의 지원을 통하여 자발적인 보전을 유도한다는 점이다. 그러므로 농업유산제도는 성격상 제도라기보다는 운동에 더 가깝다. 다시 말해서 농업유산제도는 원형 보전원칙이 아니라 동태적 보전을 지향한다. '동태적 보전'은 본질적 가치를 훼손하지 않는다면 일부 변화를 수용하는 보전을 의미한다. 이는 농업유산의 지속 가능성을 높이기 위함이다. 정부의 강제 규제 없이 원형을 보전한다는 것은 경우에 따라서는 어려운 일이다. 농업유산제도는 이러한 점을 고려하여 유산의 파괴나 소멸보다는 일부 변화를 수용하더라도 보전을 가능하게 하기 위하여 동태적 보전을 지향하고 있다.

농업유산의 보전이 필요한 이유는 위에서 언급했듯이 농업유산이 크게는 인류의 생존을 위하여, 좁게는 국가 및 지역의 발전을 위하여 중요한 가치를 갖기 때문이다. 생각해 보면 그동안 산업화 과정에서 우리는 근대화라는 미명 아래 많은 전통들을 비록 의도하지 않았더라도 적지 않게 파괴한 것이 사실이다. 그 과정에서 오늘날까지 살아남은 것은 요행이거나 또는 나름대로 경쟁력을 가진 것들이다. 이러한 유산들은 과거에는 대수롭지 않게 여겨졌지만 근래에 들어 크게 주목받는 경향을 볼 수 있다. 예를 들어 물레방아, 너와집, 다랑이논, 다락밭 등이다. 그 이유는 당연히 산업화 과정에서 소멸되어 현재에 그 존재가 희소해졌기 때문이다. 희소성의 원리에 따라 오늘날 전통의 가치가 높아지는 것은 당연한 이치다. 노벨 경제학상 수상자인 로스토우(W. W. Rostow)에 의하면 경제가 성숙 단계에 이른 다음 단계에는 사람들이 성장보다는 전통에 더욱 높은 가치를 부여하는 경향이 나타난다고 주장한 바 있다. 이 같은 현상은 최근에 케이블 TV 방송 프로그램 가운데 〈나는 자연인이다〉가 높은 인기를 끌고 있는 것에서도 엿볼 수 있다. 개발 연대에는 도시에서의 삶이 꿈이었지만 이제는 사람들이 도시를 떠나 과거의 삶으로 회귀를 동경한다. 근래에 귀농 귀촌이 증가하는 것도 같은 경향성으로 이해할 수 있다.

이와 같이 산업화로 인하여 귀중한 전통들이 사라지고 있지만 규제가 없는 한 이를 막기 어려운 측면이 있다. 농업유산의 경우도 마찬가지로 일반적인 자산과 같이 개인에게 소유권이 있기 때문에 이 같은 경향이 발생한다. 다시 말해서 개인이 농업유산 지역을 소유한 경우에 농업유산 소유자는 새로운 여건의 변화에 직면하여 농업유산을 보전할 것인가, 아니면 다른 용도로 전환할 것인가 하는 선택에 직면한다. 소유자의 개인적 입장에서 보면 유산을 현재 용도로 보전하기 위해서는 보전하는 데 따른 이익이 다른 용도로 전환했을 때보다 커야 한다. 만약 그 반대라면 소유자는 전용을 선택하는 것은 어쩌면 당연하다. 이러한 경우에 농업유산 지역이 그대로 방치된다면 훼손 가능성이 높아진다.

한편, 사회적 관점에서 보면 농업유산 지역이 사적인 경제성이 없다고 하여 다른 용도로 전용되고 훼손되는 것은 큰 손실이다. 농업유산은 소유권이 개인에게 있을지라도 그 편익은 사회 전체에 미치기 때문이다. 이런 점에서 농업유산은 일반 자산과 달리 공공재적 성격을 가지며, 따라서 사회적인 측면에서 특별한 정책적 대응을 하는 것이 필요하다. 농업유산 정책에서 활용을 중시하는 것은 이 같은 이유에서다. 다시 말해서 농업유산이 다른 용도로 전용되는 것을 사전에 방지하기 위해서는 현재의 상태로 활용할 때 수입이 다른 용도로 전용하는 데 따른 수입을

초과하도록 정책적으로 유도하는 것이 바람직하다. 하지만 농업유산의 소유자 개인만의 힘으로는 이 같은 일이 역부족일 수 있다. 그러므로 농업유산의 보전이라는 공공의 목적을 위하여 정부, 전문가를 포함한 이해관계자들이 농업유산 지역의 수익성을 높일 수 있도록 공동으로 대처해야 할 필요성이 있다.

부연하면 농업유산은 작물, 임산물, 목재, 수산물과 같은 직접적인 산출물 외에도 대기 정화, 수질 개선, 생태계 보전 등 중요한 다원적 가치를 사회 전체에 제공한다. 개인 또는 지역주민에게 귀속되는 생산물 이외에 대기 정화, 수질 개선, 생태계 보전 등의 가치들은 시장을 통하여 거래되지 않으므로 그 가치 평가가 이루어지지 않기 때문에 사적으로 보상되지 않는다. 그러나 이 같은 유산의 사회적 편익은 개인이나 지역민에게 돌아가는 이익보다 훨씬 크고 중요하다. 즉, 농업유산은 이를 소유하고 있는 개인적 이익보다는 사회적 편익이 더 크다는 특징을 가진다. 우리가 농업유산을 보전하고 중시해야 하는 이유는 바로 농업유산의 이 같은 사회적 편익이 매우 크고 중요하기 때문이다. 그러므로 농업유산 정책은 유산이 갖는 긍정적 외부 효과로서의 다원적 가치를 충분히 고려하여야 하며, 비록 농업유산을 개인이 소유하였더라도 개인적 이익의 관점을 넘어서 사회적 편익의 관점에서 수립될 필요성이 있다.

작물 관련 유산 지역은 대부분 개인 소유지만 산림이나 어업의 경우는 공동 소유인 경우가 대부분이다. 이 경우는 자정 범위를 넘는 남용으로 인하여 공유지의 비극(Tragedy of the commons) 문제가 발생할 수 있으므로 훼손 가능성이 높다. 이를 막기 위하여 코즈(Ronald H. Coase)는 소유권 또는 이용권을 확정해 줄 것을 제안한 바 있다. 실제로 우리나라는 이전부터 산림이나 어장을 보전하기 위하여 해당 지역의 주민에게 이용권을 부여하고 자체적으로 관리하도록 하고 있다. 예컨대 금강소나무 숲 지역은 국유림이지만 이용권을 지역주민들에게만 부여함으로써 주민들이 자체적으로 금강소나무 숲 지역을 잘 관리하고 보전해 오고 있다. 우리나라 근해의 어장도 마찬가지다. 어촌마다 어촌계가 조직되어 자체적으로 남획을 방지하고 어장을 잘 보전해 오고 있다. 이같이 산림이나 어장이 지역주민에게 이용권을 부여함으로써 잘 보전될 때 그 편익은 그 지역주민은 물론이고 사회 전체에 돌아간다. 이와 다른 방식으로 정부가 직접 개입하는 방식을 들 수 있다. 사회적 관점에서 보전의 필요성이 큰 경우에는 규제와 같은 정부의 직접 개입이 이루어질 수 있다. 유네스코 세계유산이나 생태 보호구역 등이 대표적이다. 그러나 농업유산은 정부의 직접적 규제를 지양하는 대신에 정부, 지역주민, 전문가 등이 협력하여 농업유산 지역의 활성화를 도모하는 제도라는 점에 그 특징이 있다.

오늘날 산업의 고도화에 따라 농업유산의 가치가 증가하고 있다는 사실은 농업유산의 활성화 정책이 수요 측면에서 접근할 수 있음을 시사해 준다. 즉, 사람들의 선호가 변화하고 있으므로 농업유산이 지역 발전의 동력원으로 활용될 수 있는 가능성이 높아지고 있다. 금강소나무 숲 지역을 예로 들면 사람들이 금강소나무 숲 지역에서 느낄 수 있는 맑은 공기, 깨끗한 물, 풍부한 무기질 등에 대한 중요성을 높이 평가하게 되면 이 지역에서 생산되는 각종 농산물의 품질에 대한 신뢰도가 향상된다. 이는 이 지역의 전반에 대한 브랜드 가치를 제고시키고, 이에 따라서 이 지역의 농산물 가격이 상대적으로 상승하는 현상, 즉 지역농산물에 대한 가격 프리미엄이 발생할 가능성이 나타난다. 이러한 영향은 결과적으로 주민들의 소득 증대로 연결될 수 있다. 이 경우에 금강소나무 숲 지역에서 생산되는 송이, 나물 등의 임산물의 가치는 특별히 높은 평가를 받을 것으로 기대된다. 이외에도 울진의 브랜드 가치가 향상되면 금강소나무 숲 지역과 연계된 십이령 보부상길, 해변 등에 대한 사람들의 수요 역시 증가할 것으로 예상된다. 그리고 이와 같은 농업유산 지역의 브랜드 가치 향상과 소득 증대는 지역민으로 하여금 농업유산 보전 활동에

울진 금강소나무 군락지의 산촌 마을

자발적으로 참여하게 하는 유인으로 작용할 것이며, 그 결과로 농업유산의 보전이 더욱 강화될 수 있을 것이다.

그러나 활용을 통한 농업유산의 보전 방식은 농업유산 지역주민에게 불이익을 최소화한다는 점에서 장점이 있으나 정부의 직접적 규제에 비하여 많은 노력과 시간이 소요된다는 한계가 있다. 즉, 이해 당사자의 협력을 끌어내는 데 비용이 과다하게 소요된다는 점이다. 이러한 비용은 불가피한 측면이 있으나 이를 줄이기 위해서는 이해관계자들 간에 소통이 잘 이루어질 수 있도록 하는 기회가 마련되어야 한다. 그러자면 이해관계자들의 역량 강화를 위한 유용한 교육 프로그램이 개발되고 수행되어야 할 필요성 있다.

산양(천연기념물)

2
울진의 현재와 미래

금강송을 보전하고 육림하는 전통적인 방식이 시대적인 지향 가치인 생물 다양성을 지키고 증진시키는 데 기여할 수 있다면 미래 울진 지역사회의 모습은 훨씬 더 밝을 것이고, 새로운 농촌 발전 모형을 선도할 수 있을 것이다. 나아가서는 지구온난화 등의 범지구적인 문제의 해결에 기여하는 전통적인 방식의 삶이 될 수 있을 것이다.

울진의 입지 환경

울진군은 1963년 경상북도에 편입되었다. 그 이전에는 강원도 관할이었다. 울진군은 고려시대 이래로 울진현과 평해군으로 나뉘어져 존속해 왔으며, 1914년 평해군이 울진현에 흡수되었다. 울진군은 옛날의 예국(濊國) 땅인데, 고구려 때에 '우진(于珍)'이라 이름하였다. 신라 문무왕이 고구려를 멸망시킨 후 비로소 '울진'이라 호칭되었다. 땅이 동해에 연접하여 산천이 옹울(蓊蔚)하나 금은진보(金銀珍寶)가 많다는 의미다.

울진군은 강원도의 가장 남쪽에 있으니 지형이 누두(漏斗)와 같아 남북 최대 길이는 약 78km, 동서는 광협이 똑같지 않고 평균 28km다. 전체적으로 모자 형태의 윤곽을 띠고 있는데, 울진군의 상단은 동서 간의 길이가 상대적으로 넓고, 하단은 상대적으로 좁다는 것을 알 수 있다. 수계는 서쪽의 태백산맥 산악지에서 발원하여 동해로 유입되고 있어서 하천 길이가 짧은 편이나 유역 면적은 넓고 수량이 풍부하며 청정한 수질을 유지한다. 나무가 워낙 많기 때문에 수량이 풍부할 수밖에 없고, 또한 오염원이 없기 때문에 청정한 수질을 유지할 수 있다.

울진은 경북의 북동부에 위치한다. 북쪽으로는 삼척시, 남쪽으로는 영덕군, 서쪽으로는 영양군과 봉화군과 접경하고 있다. 흔히 사람 몸의 등 뒤, 손이 닿지 않은 곳에 입지한다고 말한다. 접근성이 좋지 않다. 이러한 입지 요인이 울진 사람들의 삶의 방식을 결정하고, 금강소나무를 포함한 다양하고 귀한 자원을 수백 년 동안 온전히 보전하여 오늘에까지 이르게 한 것은 아닐까?

울진 사람들

울진군 인구 분포

울진군 인구수가 가장 많았던 해는 1966년으로, 11만 7천602명이었다. 인구가 10만 명이 넘은 시기는 1962~1977년 사이였고, 1977년 이후 계속해서 감소하는 추세를 보이고 있다. 1997년부터는 인구 6만 시대로 접어들었다. 감소폭이 더 커지고 있다. 2019년 현재 총인구는 4만 9천727명이다. 5만 명 이하로 내려가고 있다. 대도시로부터 멀리 떨어진 다른 농산촌지역과 마찬가지로 인구 감소가 지속되고 있으며, 과소화라는 문제에 직면하고 있다.

행정구역은 2읍 8면이다. 읍면별로는 군청소재지인 울진읍이 1만 4천511명으로 가장 많다. 그 다음이 후포면으로 7천772명이다. 가장 적은 면은 온정면과 금강송면이다. 온정면은 997명에 불과하고, 국가중요농업유산이 분포하고 있는 금강송면은 1천329명이다.

온정면과 금강송면은 울진군의 서쪽인 산간지역에 입지하고 있으며, 나머지 읍면은 군의 동쪽인 바다와 연접하고 있다. 따라서 울진에는 농가도 있지만 어가도 존재하고 있다. 1990년 울진군의 총인구는 6만 9천839명이었고, 농가 인구는 2만 9천43명, 어가 인구는 9천406명이 있었다. 각각 43.59%, 13.47%를 차지했었다. 당시의 울진군은 농어민이 절대 다수였다는 것을 의미한다. 그런데 2015년 농림어업 총조사에 의하면 농가 인구는 9천8명이고, 어가 인구는 1천377명이었다. 농·어가

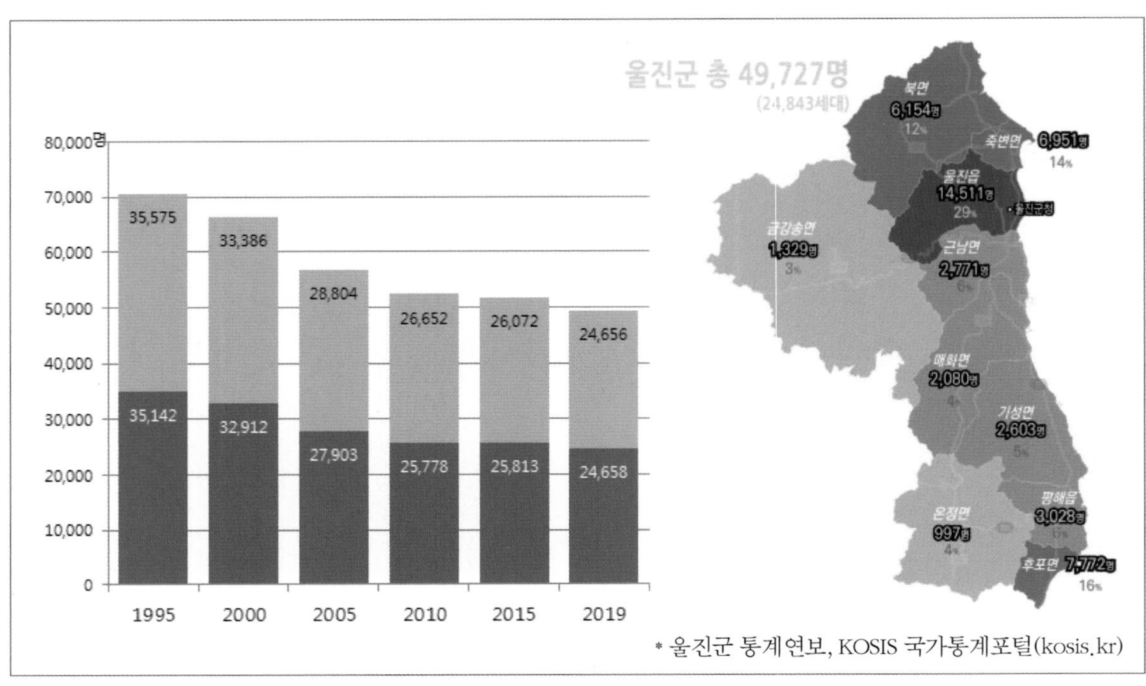

* 울진군 통계연보, KOSIS 국가통계포털(kosis.kr)

울진군 인구 변화 및 읍면별 인구 분포

인구가 급격하게 감소하였다. 농어업의 비중이 그만큼 낮아지고 있다는 것을 나타낸다. 그중에서도 농가 인구에 비하여 어가 인구가 더 많이 감소하는 현상을 보이고 있다.

울진군의 인구 구조를 살펴보면, 다음 표에서 보는 바와 같이 고령화 비율은 2017년 현재 25.2%이다. 0~14세까지의 인구는 10.5%이다. 그리고 경제활동 인구인 15~64세까지의 인구는 64.3%이다. 고령화율도 높지만, 경제활동 인구도 높다. 반면에 어린이 인구 비율이 매우 낮다. 그리고 특징적인 것은 40세 이상 64세 이하의 인구 비율이 39.9%에 달한다. 장년층의 인구 비율이 다른 농촌지역에 비하여 높게 나타나고 있다. 울진원자력발전소 등 사업체 종사자와 관련성이 많은 것으로 판단된다.

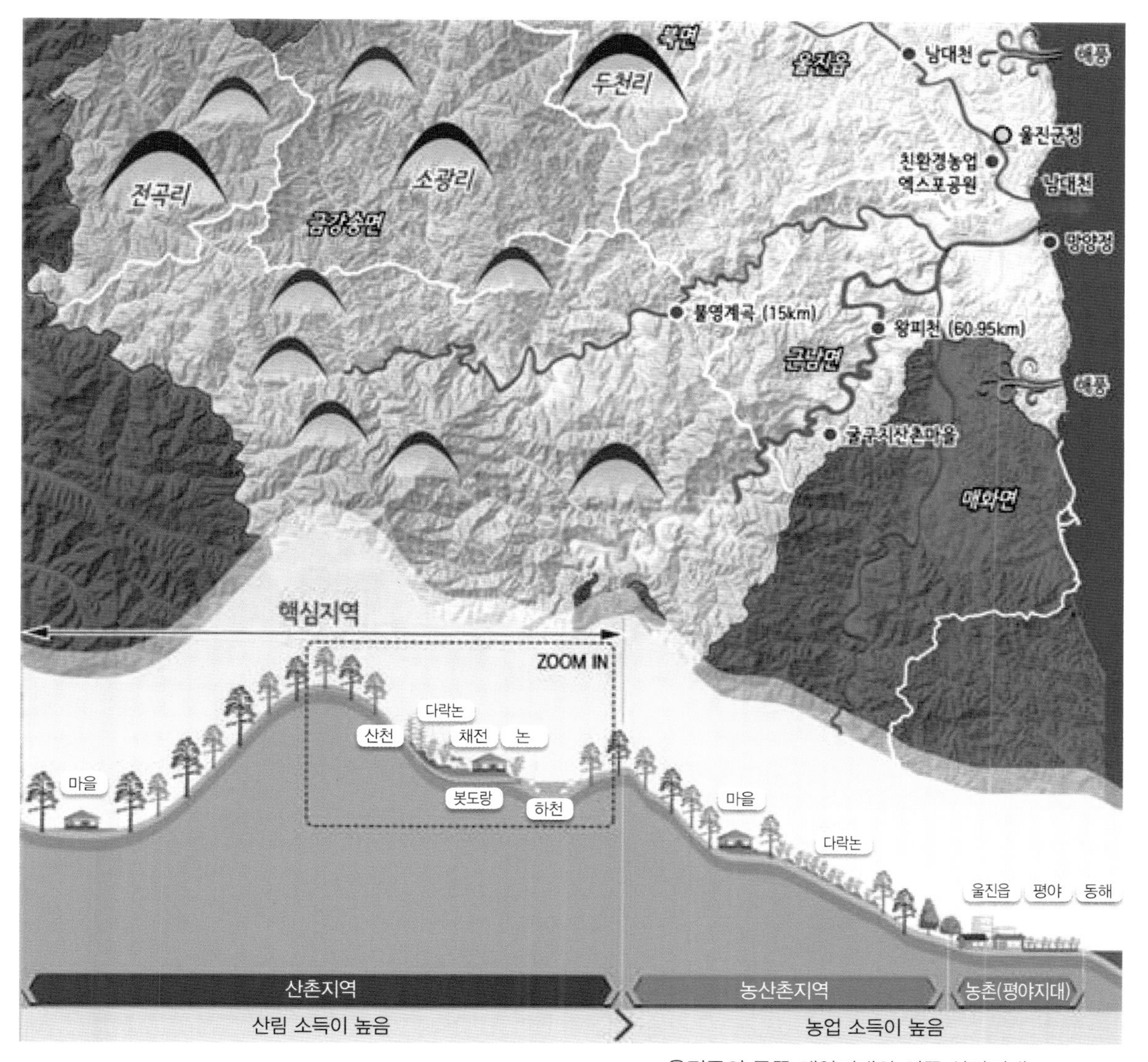

울진군의 동쪽 해안지대와 서쪽 산간지대

생태 및 자연 보전은 주로 서쪽에 위치하고 있는 산지와 산림을 대상으로 이루어지고 있다. 울진 지역에는 4개의 보전 목적의 지역지구가 있다. 산림보호법에 의한 산림유전자원 보호구역이 2001년에 지정되었고, 자연환경보전법에 의한 생태경관 보전지역이 2005년에 지정되었으며, 그리고 농식품부에서 지정하는 국가중요농업유산이 2016년에, 경북 동해안 국가지질공원이 2017년에 지정되었다. 울진 지역의 생태자연이 국가적으로 얼마나 중요한 지역인가를 나타내는 중요한 지표라고 생각된다. 다른 시군의 경우에는 이러한 지역이나 지구를 하나도 가지지 못한 경우가 허다하나 울진 지역은 4개를 보유하고 있다. 자연경관이 수려하고 생물다양성이 매우 풍부한 지역이라는 의미를 지니는 동시에 유전자의 보전을 위해서는 국가적인 차원에서 꼭 보전을 우선시해야 하는 매우 중요한 곳이다.

국토 공간에 대한 지역지구의 지정은 기본적으로 국토의 계획 및 이용에 관한 법률에 의거하여 지정할 수 있는 근거를 두고 있으며, 지정할 경우 취지에 알맞게 토지를 사용한다. 또한 국토 공간의 전문적인 관리를 위해서 관련 해당 부서가 개별법에 의거하여 지역지구를 지정하는 경우도 있다.

토지에 대한 용도 지역이나 지구 지정은 국가의 지정 목적인 공익성과 개인의 해당 지역의 토지 소유자의 사익성 간에 충돌이 발생할 수 있다. 국가와 개인 간의 충돌이 일어날 수 있는 상황에 대비하여 보전과 관련된 산림은 주로 국유림 지역에 지정되고 있다. 그리고 국가적으로 중요한 산림의 공익성을 지키기 위해서 주민들에게 산림을 보전하고 키우는 일에 동참하게 하는 공익적인 활동을 요구하고, 동시에 정부는 마을 주민들에게 산림에서 부산물로서 생산되는 임산물 채취권이라는 인센티브를 제공하고 있다. 주민들의 소득 향상에 도움이 되고 지역사회의 공익을 조화롭게 달성할 수 있는 바람직한 제도라고 생각된다.

울진 또한 순천 못지않은 우수하고 다양한 자원을 보유하고 있다. 보전을 통한 농촌 발전의 관점에서 전략 및 프로그램·로드맵을 만들고, 인센티브제도를 재정비, 지역주민의 자긍심 제고와 참여를 통해서 추진할 경우 새로운 보전을 통한 성장 모형이 만들어질 수 있는 최적의 공간이 될 수 있다고 생각된다.

미래 가치를 품고 있는 장소

농촌 발전을 위한 지향 가치는 시대별로 다르다. 1960~70년대의 지향 가치는 경제 성장과 국민소득 증진이 제1의 지향 가치였다. 1980년대는 도농 간 생활환경의 격차 해소가 주된 정책의 목표였다. 2000년대 이후는 농촌이 보유하고 있는 자원을 활용하여 농촌지역을 특색 있게 개발하는 전략을 표방했다. 문제는 자원 활용에 중점을 두고 자원 보전에는 별 다른 관심을 보이지 않았다. 자원 활용은 자원의 남용을 가져오고, 자원의 훼손을 가져오는 경우도 많다. 국가중요농업유산 지역의 경우도 다르지 않다. 일반적으로 국가중요농업유산 지역으로 지정받기 위해서 해당 지자체는 많은 노력을 기울이지만, 지정받은 이후에 보전에는 관심 없고 활용을 통해 관광객 방문을 유도하기 위하여 펜션, 식당 등 시설 설치에만 관심을 두는 경우가 있다. 농업유산 자체의 보전에는 관심을 두지 않고 활용에만 관심을 둘 경우 농업유산 자체의 훼손 또는 변형을 가져올 수 있다.

최근에는 농촌 발전의 지향 가치가 생물 다양성으로 전환되고 있다. 생물 다양성은 두 가지 측면에서 접근되어야 한다. 하나는 자연 공간이 다양한 생명체가 살기에 적합한 공간으로 만들어져야 하고, 다른 하나는 지역주민이 자연 속에 살고 있는 다양한 생명체를 존중하는 가치관을 가질 수 있어야 한다. 인간과 자연의 관계는 공생적인 관점에서 접근되어야 한다.

울진은 농촌 발전의 새로운 가치관인 자연과 인간의 공생을 오랜 기간에 걸쳐서 추구하고 실천해 온 모범 지역이다. 주민들은 금강소나무 숲을 지키기 위해 많은 희생을 하였고 많은 제약을 받은 것도 사실이지만, 소나무 숲은 지역주민의 생계 유지에 도움이 되기도 했다. 우선 목재를 주었고, 산림 부산물을 채취할 수 있었으며, 맑은 물을 주었다. 이러한 희생과 책임감의 세월 속에서 사람들은 소나무를 지켜야겠다는 강한 의무감을 갖게 되고, 소나무를 지키는 자긍심을 갖게 된다.

이러한 수백 년간 지속된 울진의 금강송과 주민의 관계는 이제 새로운 국면을 맞이하고 있다. 바로 울진 주민의 전통적인 삶의 방식이 현 시대가 요구하는 삶의 방식이고, 새로운 지향 가치가 되고 있는 것이다. 금강송을 보전하고 육림하는 전통적인 방식이 시대적인 지향 가치인 생물 다양성을 지키고 증진시키는 데 기여할 수 있다면 미래 울진 지역사회의 모습은 훨씬 더 밝을 것이고, 새로운 농촌 발전 모형을 선도할 수 있을 것이다. 나아가서는 지구온난화 등의 범지구적인 문제의 해결에 기여하는 전통적인 방식의 삶이 될 수 있을 것이다.

미국의 유명한 소설가 리차드 파워스(Richard Powers)는 "나무는 사람들의 사용해야 할 자원이 아니라 앞으로 우리가 함께 살아가야 할 생명체"라는 말을 한 바 있다. 바로 자연과 금강소나무를 지키면서 수백 년을 살아오고 있는 이곳 울진 사람을 두고 한 말처럼 들린다.

닫힌 공간에서 열린 공간으로

울진군은 동해안의 중간 지점에 위치하고 있어 동해안 교통의 중심지 역할을 수행하고 있으나 태백산맥이 지역의 중앙을 지나가고 있어 국토 서쪽 지역과 연결에 한계가 있다. 따라서 대구, 서울, 부산 등 대도시와의 접근성이 대단히 불리하다. 지역 간 도로는 7번, 36번 국도가 있으나 남북 및 동서 교통이 단일 간선체제 형태였다. 이러한 교통 환경은 지역 발전의 장애 요인이 되어 왔다. 또한 산지가 많고 개발이 가능한 토지가 적은 관계로 취락 형성이나 산업 발달에도 불리한 것은 사실이었다.

이제 울진군은 열린 공간으로 변화하고 있다. 수도권으로부터의 접근성이 개선되고 있다. 동해안 고속도로가 확장, 포장됨에 따라 서울에서 울진까지 시간 거리가 단축되고 있다. 또한 동해선 철도와 국도 36호선 '금강송면-울진읍' 구간이 개통되고 있다. 울진군과 대내외적인 교통 상황의 변화는 울진군 내에 존재하고 있는 다양한 자원을 시스템적으로 연결시키는 데 크게 기여할 것이다. 울진군 내의 깊은 곳에 보석처럼 박혀 있는 명소들이 새로운 의미를 부여받고 세상 밖으로 드러나게 될 것이다.

관광 패턴도 바뀌고 있다. 금강소나무 길을 탐방하기 위해서 예약을 하고, 울진 지역민이 관광 가이드를 하며, 지역민이 제공하는 음식을 즐긴다. 금강소나무 길 탐방의 새로운 규칙을 지키면서 자연과 생태의 소중함을 알아가는 새로운 유형의 관광 인구가 해마다 증가하고 있다.

울진 지역을 찾는 탐방객들은 그동안 보아왔던 개발 우선적이고 편리성을 지향하는 시설 위주의 관광지와는 다른 자원을 발견하고 관심을 가질 것이다. 이제 닫혀 있었던 울진의 대문은 열리고 있고, 대문 안의 깊은 곳에는 그동안 보지 못한 새로운 미래 가치를 담은 보물들이 눈앞에 펼쳐지게 될 것이다. 즉 새로운 관광 패턴과 새로운 자원이 만나게 될 것이다. 울진군 교통 여건의 개선과 관광 패턴의 변화는 울진 지역이 보유하고 있는 자원을 재조명하는 계기가 될 것이다.

3
울진 금강소나무의 농업유산적 가치

금강소나무는 곧은 줄기와 심재 비율이 높고 재질이 치밀하여 목재로서 가치가 높으며, 송진 함량이 많아 잘 부식되지 않고 물에 강하다. 그래서 조선시대 궁궐, 사찰, 한옥과 남대문을 비롯한 수많은 한국의 중요한 목조 건축물에 금강소나무가 목재로 사용되었다.

2016년 12월 울진의 금강소나무는 '울진 금강소나무 산지농업 시스템'으로 농림축산식품부의 국가중요농업유산 제7호로 그 가치를 인정받았으며, 국내농업유산 중에서 임업 분야로는 최초로 국가중요농업유산으로 등재되었다.

'1 농업유산의 이해'에서 설명한 농업유산의 개념을 이해하였다면 금강소나무는 농업유산이 아닌 농업유산을 구성하는 하나의 개체로 이해되었을 것이다. 울진의 주민들이 금강소나무와 더불어 척박한 환경을 극복하고 살아온 산지농업문화와 그 삶이 하나의 유기적인 시스템으로 묶어져서 농업유산으로 인증 받게 되었으며, 그것은 농업유산에서 금강소나무가 아닌 다양한 자원 요소와 사람, 그리고 공간으로 이어진 하나의 시스템으로 설명할 수 있을 것이다.

지속 가능한 공생 체계

울진 금강소나무 숲은 임업, 농업, 그리고 마을 간의 물질 순환을 이루어지게 하며 산지 지형을 이용한 생산 활동과 생태자연환경의 조화를 이루는 고유의 생태 순환 체계를 유지하고 있다. 오랜 시간의 노력 끝에 만들어진 금강소나무의 보전을 통한 지속 가능한 이용, 산림 부산물의 공생 시스템은 소나무가 자라는 여러 지역에서 부분적으로 행해지고 있지만, 조선시대를 거쳐 현재까지 전해지는 그 역사성과 주민자치를 통한 마을조직의 계승, 단일 지역 금강소나무 군락지 면적과 면적당 금강소나무 비율은 울진 지역이 가장 높은 대한민국의 금강소나무 숲이 대표 지역이다.

금강소나무 숲은 생애 주기에 따른 관리와 지속 가능한 이용 시스템을 지니고 있다. 오랜 세월 동안 울진의 산촌 주민들은 금강소나무 숲의 생태를 파악하고 숲의 생애 주기에 따른 관리를 통해 금강소나무 숲이 지속 가능할 수 있는 환경을 만들고 후계림을 양성하여 숲이 제공하는 목재와 송이버섯을 통해 소득을 얻고, 산기슭과 하천 주변의 농토를 개간하고 물길을 만들어 농사를 지어 식량을 얻으며 생계를 유지하는 삶을 살아온 것이다. 또한 그 속에서 주민들은 개인의 이익보다는 마을 공동체(산림계)를 통해 국가가 소유한 숲을 빌려서 공동으로 관리하는 것이 대규모 산림의 경우 효율적이며, 숲을 지속 가능하게 이용하는 방법이라는 것을 알게 되었다.

울진 지역주민들은 산지의 척박한 환경과 높은 비율의 산림, 적은 토지를 이겨내면서 자연과 더불어 생계를 지속하기 위해 금강소나무 숲과 공존·공생하는 방법을 선택하였다. 금강소나무는 목재로 이용 가치가 가장 높지만 최소 3세대(100년) 이상의 노력이 있어야 활용 가능한 재목으로 성장하기 때문에 임산자원으로서 경제성이 떨어지는 수종이다. 최소 100~200년 이상이 되어야 재목으로서 가치가 있으며, 500년 이상의 생애 주기를 갖고 있어 목재로 활용하기에는 매우 오랜 세월의 시간이 필요하다. 울진의 주민들은 이러한 금강소나무의 생애 주기를 고려하여 다양한 생활의 이용을 찾아냈으며, 또한 소나무와 공생하는 보속생산(保續生産, Sustained yield) 경영 체계와 주민 공동체와 결합된 관리 체계를 통해 인간의 적극적인 개입을 통한 공생 체계를 완성하였다.

마을 주민들은 금강소나무의 생애 주기에 있어 15~60년 사이 청년목에 대해 적극적인 숲의 관리(간벌, 가지치기, 지장물 제거, 지피물 관리, 타 수종 제거 등)를 통해 송이버섯이 자랄 수 있는 최고의 환경을 만들어 인공재배가 되지 않는 자연산 송이버섯이 자라는 최적의 환경을 금강소나무 숲에 조성하였다. 이것은 자연산 송이가 잘 자라는 환경을 찾아 이동하며 채취만 하던 것을 숲의 적극적인 관리를 통해 '송이산 가꾸기'라는 산림 관리를 통한 임업적 농업유산의 지식 시스템을 완성한 것이다.

또한 금강소나무를 제외한 목재는 벌목하여 연료로 사용하면서 자연스레 타 수종 관리 및 하층목 관리가 이루어지면서 금강소나무 숲이 더욱 더 잘 자랄 수 있는 환경을 만들어 주었다. 금강소나무 숲이 주는 산림 부산물을 통해 공동 소득을 창출하기 위한 송계를 조직하고, 마을 공동체가 가꾸는 산림 관리를 통해 송이가 가장 잘 날 수 있는 금강소나무 숲을 관리하는 지혜를 발휘하게 되었으며, 보속생산을 통해 지속 가능하게 금강소나무를 이용하는 전통적 지식 체계를 완성하였다.

흘러온 물은 저지대에서 먼저 유입된 높은 수위에 더해진다. 금강소나무 숲은 마을과 농경지에 풍부한 수자원과 양분을 공급한다. 이는 다양한 동식물의 서식지로서의 역할을 수행하며, 지역주민들에게 생계와 생업·문화·생활에 지대한 영향을 미치고 있다.

숲에서 저장된 수원은 하천을 따라 물과 유기물질을 마을과 농경지로 배달해 주었고, 마을 주변을 흐르던 작은 하천들이 하나둘씩 모여 강이 되어 동해 바다로 흘러들면서 하류에는 비옥한 평야 지대를 만들어 대규모 농업이 가능하게 되었다. 금강소나무 숲은 산과 하천, 마을, 농경지를 배경으로 다양한 동식물 서식처를 제공하여 생물 다양성이 풍부한 울진의 생태 환경을 만들어 주었다.

산지의 중요성

- 전 세계의 산지 지역은 지구 육지 표면의 24%를 차지하고 있으며(Kapos et al., 2000), 전 세계 주민 12%의 귀한 안식처가 되어 준다(Huddleston et al., 2003).
- 비록 산지 지역이 아니더라도 지역의 농업과 산업에 필수불가결한 수원은 수백 혹은 수천 ㎞ 떨어져 있는 산지에 의존하고 있다. 점점 더 도시화되고 있는 시점에서 산지는 휴양과 관광을 위한 중심지이기도 하다. 현저하게 높은 수준의 생물 다양성에 의해 산지의 매력도가 높아진다(Messerli and Ives, 1997).
- 산지의 세계적 중요성은 1992년 리우 데 자네이루에서 개최된 '유엔 환경개발회의(United Nations Conference on Environment and Development)'에서 인정되었다. 전 세계 대부분의 국가나 정부의 수반들이 리우 회의에서 지지한 활동 방침인 〈의제 21〉의 제13장은 "취약 생태계 관리 : 지속 가능한 산지 개발"로 명명되어 있다. 이와 같이 중요한 세계 문서에 산지 관련 장(章)을 포함시킨 것은 열대산림 파괴, 기후변화 및 사막화와 같은 그 밖의 주요 세계 문제와 동등하게 산지를 올려놓았다. 산지의 중요성에 대한 세계의 인식은 UN 총회가 2002년을 '세계 산의 해(IYM)'로 지정함으로써 더욱 강조되었다.

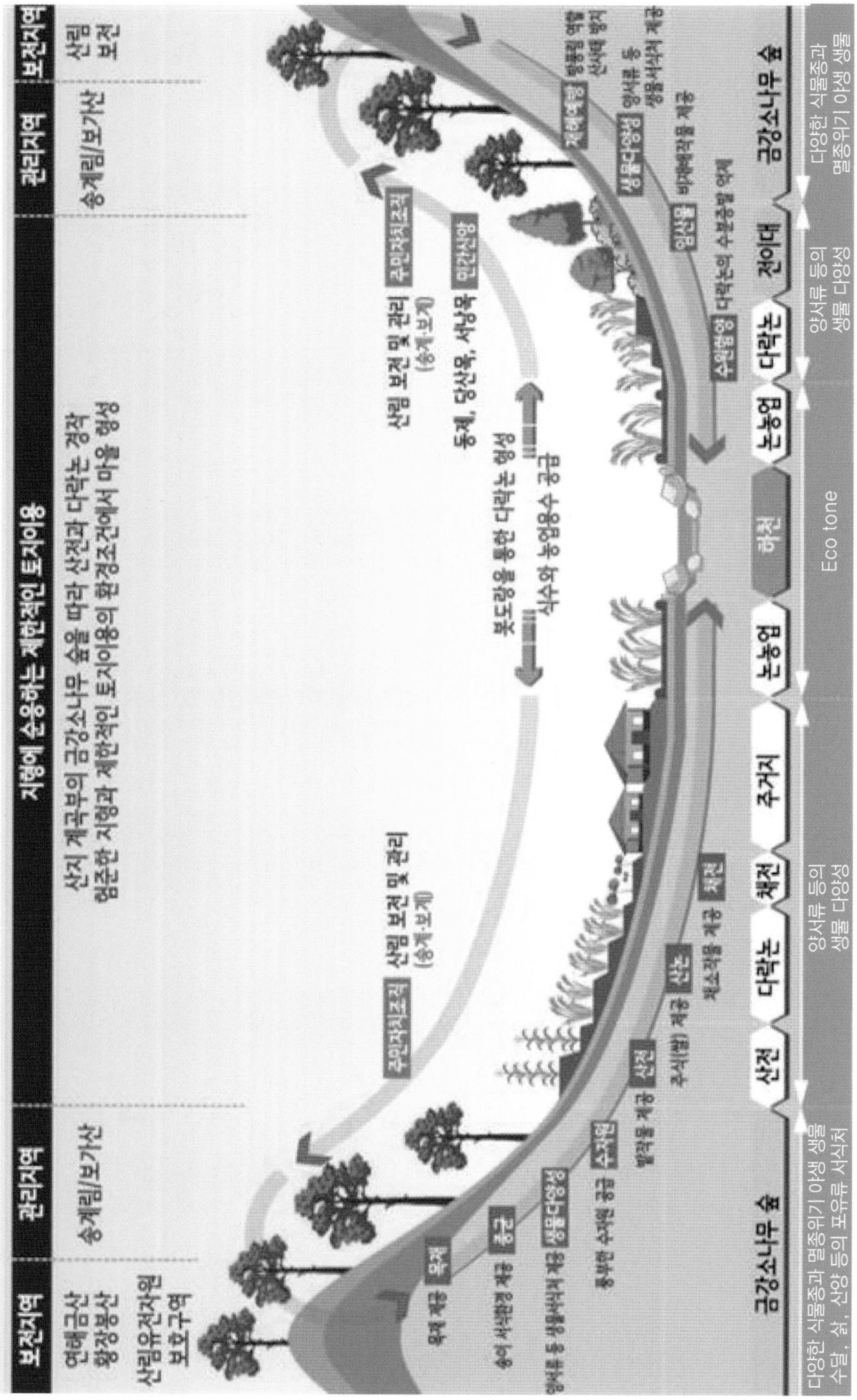

울진 금강소나무림
서식지 다양성

지역민이 지켜가는 유산

울진의 산간 마을에는 임업이나 농업 하나만으로는 살 수 없는 척박한 환경과 토지를 갖고 있다. 국가 소유의 금강소나무 숲은 고려시대·조선시대를 거쳐 왕실의 황장봉산으로 관리를 받았으며, 현재에도 산림청의 산림유전자원보호구역으로 직접 관리하는, 대한민국에서 가장 중요한 숲의 하나이기 때문에 과거에도, 현재에도 금강소나무를 함부로 베거나 이용을 하기가 어려웠다. 그러나 궁궐이나 사찰을 짓거나 중요한 건축물의 보수가 있을 때 국가의 엄격한 관리에 의해 목재를 이용하였기 때문에 목재로서 금강소나무의 이용은 극히 제한적이다. 주민들은 예전이나 지금이나 산판과 목재의 판매를 통해서 생계를 해결하는 일은 극히 어려운 일이었으며, 험준한 산간지역에서의 농업은 농사를 지을 수 있는 토지가 매우 제한적이어서 충분한 식량을 얻기가 어려웠다. 그렇지만 금강소나무가 주는 최고의 선물인 자연산 송이버섯은 이 지역주민들의 최고의 소득원으로, 송이버섯이 자라는 15~60년생 전후의 금강소나무 숲을 적극적으로 관리하여 큰 소득을 올리고 있다. 2010년부터는 산림청과 주민, 시민단체를 중심으로 협의체를 구성하고 산림유전자원 보호구역 내에 있는 보부상 길을 따라 생태관광이라는 새로운 숲길을 만들고, 숲 해설과 밥차 운영, 도시락 판매, 주막촌, 민박 등을 통해 숲에서 새로운 소득을 창출하고 있다. 이렇게 울진의 주민들은 농업 활동이 어려운 산간지역에서 금강소나무와 공생을 통한 임업 활동과 그 주변의 제한된 토지에서 농사를 지으며 지금까지 살아온 혼농임업 시스템이 '울진 금강소나무 산지농업 시스템'의 농업유산적 핵심 가치이다.

금강소나무 숲은 주민들에게 가장 기본적인 생계 수단으로 농업생산과 직결되었을 뿐 아니라 건물·교량·재목·땔감의 공급원이었으며, 조상의 무덤이 위치한 곳이다. 금강소나무 숲은 지역주민들에게는 삶 그 자체였을 것이다. 자치적인 산림의 이용과 규제는 농업유산 체계의 정착에 매우 중요한 역할을 하였으며, 현재와 같은 시스템 유지에 막대한 영향을 미쳤다.

국가에서 지정된 황장봉산의 금강소나무 숲은 엄격하게 보호되었지만, 금강소나무 이외의 재목에 대해서는 주민들의 땔감이나 목재로서의 활용이 자유로웠다. 연료용 땔감을 위해 잡목을 베는 것은 자연스럽게 금강소나무 숲이 더 건강하게 자랄 수 있는 간벌이 되었고, 아궁이 불쏘시개로 유용하게 사용했던 소나무 잎사귀의 수거는 토양 표면을 건강하게 유지하여 생물 다양성을 증대시키고, 특히 송이버섯이 잘 자랄 수 있는 환경을 만들어 주는 역할을 하게 되었으며, 계절에 따라 약초와 산채를 채취하는 터전을 제공하였고, 가을철 소나무 숲의 자연산 송이버섯은 주민들의 중요한 수입원이 되었다. 이 모든 것은 금강소나무 숲을 터전으로 사는 산촌 주민들의 임업 활동의 결과에 의해서 얻어지는 소득이었다. 소광리에서 발견된 황장봉 경계 표석에는 "황장봉산의 경계 지명은 생달현·안일왕산·대리·당성의 4곳이며, 산지기는 명길이다."라고 적혀 있는데, 조선시대 황장봉 경계 표석에 산지기를 명하여 숲을 지키고 관리했다는 기록이 남아 있다.

주민들은 금강소나무 숲을 단순한 이용의 대상이 아닌 함께 가꾸고 지켜야 한다고 여겼으며, 이는 마을 산림계를 통한 윤번순산(輪番巡山)과 송계(松契)를 통해서 숲을 가꾸고 지키며 산림자원을 이용하였고, 송이버섯이 잘 자라는 숲의 환경을 조성하고 숲의 생애 주기에 따른 지속 가능한 이용을 통해서 오늘날까지 유지하였

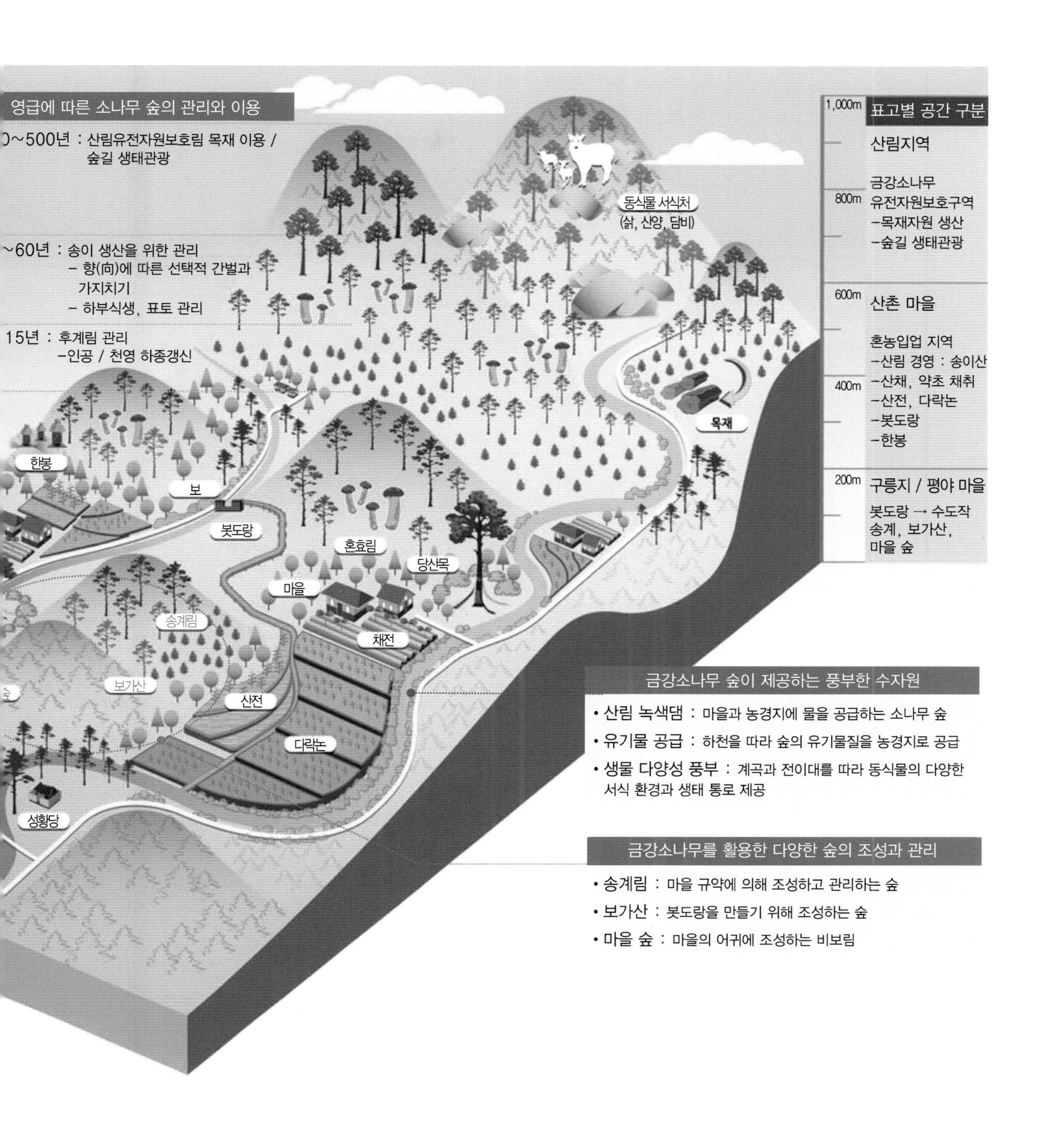

영급에 따른 소나무 숲의 관리와 이용
~500년 : 산림유전자원보호림 목재 이용 / 숲길 생태관광
~60년 : 송이 생산을 위한 관리
- 향(向)에 따른 선택적 간벌과 가지치기
- 하부식생, 표토 관리
15년 : 후계림 관리
-인공 / 천영 하종갱신
동식물 서식처
(삵, 산양, 담비)
목재
한봉
보
봇도랑
혼효림
당산목
마을
송계림
채전
보가산
산전
다락논
성황당
1,000m
표고별 공간 구분
산림지역
금강소나무 유전자원보호구역
-목재자원 생산
-숲길 생태관광
800m
600m
산촌 마을
혼농입업 지역
-산림 경영 : 송이산
-산채, 약초 채취
-산전, 다락논
-봇도랑
-한봉
400m
200m
구릉지 / 평야 마을
봇도랑 → 수도작
송계, 보가산,
마을 숲
금강소나무 숲이 제공하는 풍부한 수자원
• 산림 녹색댐 : 마을과 농경지에 물을 공급하는 소나무 숲
• 유기물 공급 : 하천을 따라 숲의 유기물질을 농경지로 공급
• 생물 다양성 풍부 : 계곡과 전이대를 따라 동식물의 다양한 서식 환경과 생태 통로 제공
금강소나무를 활용한 다양한 숲의 조성과 관리
• 송계림 : 마을 규약에 의해 조성하고 관리하는 숲
• 보가산 : 봇도랑을 만들기 위해 조성하는 숲
• 마을 숲 : 마을의 어귀에 조성하는 비보림

울진군 금강송면 삼근리 이단 봇도랑

산논의 위치에 따라 관개수로시설인 도랑은 다양한 형태로 만들어지는데, 자연 낙차가 가능한 경우는 자연환경에 그대로 도랑을 이어 주기만 하면 된다. 암벽 지대의 경우 암벽을 정으로 깨서 구멍을 내거나 물길을 만들었는데, 왕피천 유역의 마을들에서는 이런 도랑의 규모가 꽤 큰 편이다. 총 길이 2.2km로 협곡과 절벽 구간인 이곳은 자연 낙차와 지형, 자연을 그대로 이용하여 물길을 만들어야 했다.

물길이 여의치 않은 경우 금강소나무에 U 자 형태의 홈통을 만들어 도랑과 도랑을 이어 주었는데, 금강소나무의 송진 성분이 물에 닿아도 썩지 않는다고 한다. 울진 전역에는 이러한 도랑이 약 300km 조성되어 있고, 특히 왕피천 유역의 도랑들은 옛 전통 방식 그대로의 관개수로시설을 다수 보유하고 있어 옛날 선조들의 지혜로운 농경문화를 찾아볼 수 있다.

4
울진 금강소나무 이야기

전 세계적으로 100여 종이 서식하는 소나무 중 금강소나무는 유전적으로 세계 최고의 형질을 가지고 있다. 또한 금강소나무는 생존과 재생산에 유리한 유전 형질이 점차 향상되어 특정한 유전 형질이 대표적인 특성으로 고착되는 유전적 부동에 의해 진화, 유전적 보전 가치가 매우 높다.

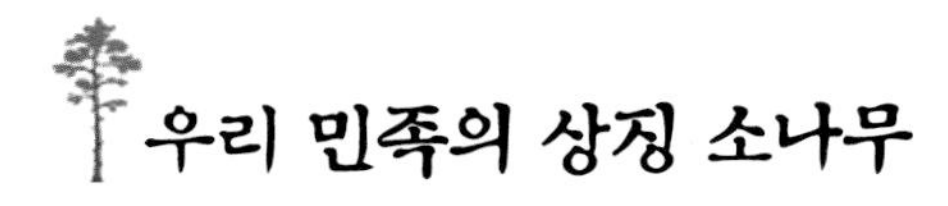

우리 민족의 상징 소나무

오랜 동안 사랑받아 온 소나무

어느 나라든 오랜 기간 동안 국민들과 동고동락해 온 정신적 지주로서의 나무가 있기 마련이다. 예를 들어 러시아의 자작나무, 인도의 보리수, 영국의 느릅나무, 일본의 편백나무가 그 나라의 품성과 기상을 상징하는 나무로 전해져 오고 있다.

그럼 우리나라는 어떤 나무가 우리 민족의 정신적 주춧돌 역할을 해 왔을까? 아마도 많은 사람들이 소나무를 떠올릴 것이다. 우리 민족에게 있어 소나무는 떼려야 뗄 수 없는 깊은 인연을 맺어 왔다. 그 이유는 다음의 글에서 찾아볼 수 있다.

> 우리 조상들은 소나무로 지은 집에서 태어나고 생솔가지를 꽂은 금줄이 쳐진 집에서 지상의 첫날을 맞는다. 사는 동안 소나무로 만든 가구나 도구를 사용하고, 죽을 때도 소나무 관에 육신이 들어간다. –한국지역인문자원연구소, 2016

> 우리 조상은 소나무로 지은 집에서 태어나고, 소나무로 만든 관에 묻혀 땅으로 돌아간다. 소나무가 바로 한국인이다. –《조선일보》[18]

***

18) 《조선일보》 2016년 3월 15일 자, 소나무 작가 배병우 인터뷰 내용 발췌

이처럼 소나무는 오랜 기간 우리 민족과 깊은 인연을 맺어 온 민족의 나무라 해도 과언이 아니다.

이렇듯 소나무에 대한 우리 민족의 애정은 남다르며, 설문조사 결과에서도 그대로 대변해 주고 있다. 여론조사 전문기관인 한국갤럽이 전국 남녀 1천700명을 대상으로 실시한 설문조사 결과[19]를 보면 응답자의 거의 과반수인 46%가 '한국인이 가장 좋아하는 나무'로 소나무를 선택하였다. 남녀노소를 가리지 않고 거의 모든 연령층에서 소나무를 첫손으로 꼽았다고 할 정도로 소나무는 우리나라 사람에게는 매우 각별한 나무임에 분명하다.

이러한 결과가 나온 이유는 아마도 우리 민족의 특성인 굳건함과 강직함을 소나무에서도 느낄 수 있기 때문일 것이다. "우리에게 불로장수를 염원하는 대상이 되는 나무, 빼어난 기품을 가지고 있는 나무, 속기 없는 군자의 모습과 고결한 절개를 지닌 나무라는 소나무의 상징성"(배상원 편, 2004)은 오랜 역사가 흐른 오늘날에도 우리 민족의 피 속에 흐르고 있다. 또한 앞으로도 소나무는 영원히 우리 민족과 함께 걸어갈 가장 믿음직스럽고 친근한 동반자가 될 것이다.

소나무의 역사와 종류

'소나무속'의 기원

소나무는 전 세계 곳곳에 널리 퍼져 있는 100여 종의 소나무류 가운데 하나다.

***

19) 한국갤럽이 2014년에 조사한 결과이다.

‘소나무속(屬)’이라는 것은 분류학적 용어로 ‘일정한 특징을 공통적으로 가지고 있는 여러 종류의 소나무를 하나로 묶어 놓은 것’을 말하는데, 소나무(Pinus densiflora)는 우리나라에서 자생하는 ‘소나무속’ 수종의 하나라고 할 수 있다.

소나무류가 지구상에 출현한 것은 무려 1억 7천만 년 전인 중생대[20]일 것이라고 전문가들은 말하고 있다(전영우, 2014 외). 세계적으로 100여 종이 넘는 소나무류는 북미 대륙에 65종 이상, 유라시아 대륙에 40여 종이 분포하고 있으나 특히 북위 36° 부근(우리나라의 경우 금강 하구 부근에 해당)에 가장 많은 종이 분포하고 있다. 그 가운데 소나무는 우리나라를 포함하여 중국, 만주까지 널리 분포하고 있다. 우리나라의 경우 남쪽으로는 제주도, 동쪽으로는 울릉도, 서쪽으로는 흑산도에 서식한다. 육지로 볼 때는 북한의 함경도와 평안도의 일부 고원지대를 제외하고는 거의 모든 지역에 분포하고 있다. 한편 소나무 이외에 우리나라에서 자생하고 있는 소나무류는 곰솔(해송), 잣나무, 눈잣나무, 섬잣나무 등이 있다.

소나무의 또 다른 이름

소나무의 학명은 ‘Pinus densiflora’ 하나지만, 지역에 따라 다른 이름으로 불리는 향명(鄕名)[21]은 다양하다. 예를 들면 “껍질이 붉고 가지 끝에 붙은 눈의 색이 붉어서 ‘적송(赤松)’, 바닷가보다는 내륙지방에 주로 자라기에 ‘육송(陸松)’, 온난한 해안과 도서지방에서 자라는 곰솔의 잎보다는 부드러워서 ‘여송(女松)’, 두 입이 한 다

***

20) 중생대는 대륙 지괴들이 대륙 이동에 의해 오늘날과 같은 육지 형태를 이루게 된 시기이다. 약 6천500만~2억 2천500만 년 전의 기간이며, 트라이아스기·쥐라기·백악기로 구분하고 있다.

21) ‘향명’이란, 식물학자들이 명명한 학명 외에 한정된 지역에서 일반인들 사이에 서로 통할 수 있게 붙여진 이름으로, ‘향명’ 또는 ‘일반명(一般名, Common Name)’이라고 한다.

불영사 응진전

경복궁 태원전

단한 심재(心材)만을 사용한다. 과거 유교사상이 깊은 조선시대에는 좋은 관목을 쓰는 것을 최고의 덕으로 생각하였는데, 인조 6년(1628) 울진 근남면 행곡리 구미동의 만휴 엄유휴 선생을 중심으로 한 이 고장 문사들은 "부모가 상을 당하면 유사가 친히 가서 살펴보고, 품질 좋은 소나무 관목을 소광리(울진군 금강송면 소광리)에서 구입한다."고 되어 있다.

금강소나무는 건축재, 관재 이외에도 생활과 농업에 필요한 도구를 만드는 데도 훌륭한 재료로 사용되고 있다. 예를 들어 함지박, 목찬합, 밥상, 절구, 나막신, 산판도구(톱) 등이 다. 주민들은 간벌재, 고사목 등의 금강소나무를 임업 도구 또는 농경사회를 지탱하는 다양한 농기구와 생활에 필요한 목기를 제작하는 데 사용하였다.

금강소나무의 주요 용도

구 분	용 도
건축재	기둥, 서까래, 대들보, 창틀, 문짝 등
가구재	상자, 옷장, 병풍틀, 말, 되, 벼룻집 등
식생활 용구	소반, 주걱, 목기, 제상, 떡판, 나막신재, 장구 등
농기구재	지게, 절구, 공이, 쟁기, 풍구, 가래, 멍에, 가마니틀, 자리틀, 물레, 벌통, 풀무, 물방아공이, 사다리 등
연료, 난방, 취사	장작, 솔갈비, 제련 및 주물 과정 연료
기 타	관재, 조선용재

국제기념물유적협의회(International Council on Monuments and Sites : ICOMOS)는 역사적 목조건축물의 보존을 위한 수리 및 복원사업에 사용될 목재는 동일한 수종의 목재, 기존 구성재와 같은 품질을 가진 목재로 만들어야 한다는 원칙을 제시하고 있다. 해당 원칙을 우리의 목조문화재 수리 및 복원사업에 적용하면 우리가

- 다음 연도 송이 생산을 위해 포자가 맺힌 송이버섯은 남겨 둠.
- 마을 공동체(산림계)에서 국유림 임대 후 공동 채취 → 공동 분배
- 국유림→ 윤번순산을 통해 주민들이 보호 및 관리
- 주로 가을에 잡목 제거와 가지치기를 하여 일조량이 70% 정도 되게 간벌함. (간벌 시 기계톱을 사용하면 윤활유가 섞인 톱밥이 땅에 떨어져 송이 생산량이 감소함. → 수작업만 가능)

➡ 송이산은 주민들의 산림 관리를 통해 생산량이 5~10배 정도 증가됨.

➡ 단순 채취가 아닌 관리를 통한 생산량을 증대(숲 관리 → 간벌과 하종갱신)

송이 채취 지역의 금강소나무 숲 관리 기법(주민 인터뷰 내용)

수확량은 하늘만이 안다고 한 이유도 강수량을 인위적으로 조절할 수 없기 때문이다. 최근에는 산기슭에 관수시설을 설치하여 스프링클러를 통해 수분의 양을 조절한다. 가뭄이나 강수량이 부족할 경우 송이버섯이 자라는 환경을 만들어 주고 있는 것이다. 또한 어린 송이의 경우 민달팽이나 청설모 등의 피해를 방지하기 위해 작은 컵에 숨구멍을 내어 어느 정도 자랄 때까지 보호하여 채취하고 있다.

엄격한 보호 관리 받는 금강소나무

주민 차원의 자율적 관리 시스템

주민 자율적 산림 감시 활동, 순산제도

금강소나무 군락지 주변 마을에서는 주민들 스스로 소나무 군락지를 보호, 감시하기 위한 '순산(巡山)제도'를 오랜 기간 운영해 왔다. 순산제도는 '불담패'라는 나무로 만들어진 패찰에 주민 각자의 이름을 써서 금강소나무 군락지 순찰 순서를 정해 놓은 대로 각자 맡은 구역에서 다음 구역까지[37] 군락지를 순찰하는 제도이다. 이것은 울진군 소광리 일대 주민들의 자율적이고 독특한 금강송 군락지 보호 관리 기법으로, 현재의 산림보호 감시원제도의 효시라고 볼 수 있다. 또한 금강소나무 숲이 한눈에 내려다보이는 산 정상 부근에는 망루[38]를 만들어 주민들이 교대로 금강소나무 군락지 전체를 감시하기도 하였다. 이것 또한 현재의 산불 감시 초소와 유사한 역할을 했다고 볼 수 있다.

***

37) 통상적으로 본인의 집 부근에서 시작하여 다음 순번자의 집 부근까지의 영역이다.
38) 망루(望樓)는 주위의 동정을 살피기 위해 높이 세워 놓은 다락집 또는 망대라 말한다.

윤번 순산 불담패(모식도)

울진군 북면 두천리 윤번 순산 명부

불담패(모식도)와 순산제도

국가 차원의 엄격한 관리 시스템

근대 이후의 금강소나무 관리

울진군 소광리 일대의 금강소나무 군락지는 1959년 농림부로부터 육종림으로 관리가 시작되어 1982년 3월에는 산림청이 천연보호림으로 지정 관리를 해 오고 있다. 또한 2007년에는 산림유전자보호림으로 확대 지정되어 보다 체계적으로 보호, 관리해 오고 있다. 특히 2013년에는 소광리 금강소나무 군락지 인근에 울진 국유림관리소 금강소나무 생태관리센터를 설립하여 산림유전자원보호구역을 포함한 약 7천200ha의 국유림을 보호 관리해 오고 있다.

한편, 최근 들어서는 울진군 금강소나무 숲을 대상으로 산림청이 '금강소나무 후계림 조성 지침(2008년)'과 '금강소나무 후계림 조성에 따른 하층식생 등 보호관리 지침'을 만들어 보다 과학적인 관리를 해 오고 있다.

금강소나무 후계림 조성 지침

울진군 금강송면 소광리에 조성된 약 2천300ha의 금강소나무는 '금강소나무 후계림 조성 시범림'으로 지정되어 산림청(남부지방 산림청)으로부터 체계적인 관리를 받고 있다. 생태적으로 건강하고 우량한 금강소나무 숲을 제대로 관리하고, 소나무 숲을 확대 복원하여 우리나라 산림의 대표 브랜드로 육성하고자 함에 그 목적이 있다.

금강소나무 후계림 조성은 좁은 의미로 지속 가능한 금강소나무 숲으로 가꾸기 위한 천연하종갱신사업 또는 인공 조림하는 것을 의미하며, 넓은 의미로는 기존의

보호 관리함을 목적으로 주변 마을 주민들과 협약을 체결하였다. 보호 협약을 체결한 금강소나무 숲 주변 마을의 주민들은 다음 각 호의 사항에 관한 보호 육성 활동을 지속적으로 수행하여야 한다.

주민과 국가의 금강소나무 숲 관리 방식

마을이 국가에게 해야 할 의무	국가가 마을에게 주는 양여 혜택
• 산불의 예방 및 진화 • 도벌 및 불법 산지 전용 등 불법 행위의 예방 또는 신고 • 산림 병해충의 예찰과 구제 • 국유림 경계 표지, 홍보 입간판 등 표지의 보호 • 도로, 사방 등 재해 방지 시설의 보존 관리 • 산림 내 자생식물 보호 및 무단채취행위 신고 등 • 그 밖에 임업 생산기능과 공익기능 유지를 위한 일련의 활동	• 죽거나 쓰러진 나무, 자투리 나무, 가지 • 조림 예정지 정리 및 숲 가꾸기를 위하여 생산된 산물 • 산지의 형질 변경을 하지 아니하고 채취할 수 있는 산나물, 버섯류, 열매류 등의 산림 부산물
산림보호 협약 표지판, 입간판 설치	명예산림보호지도원증 발급

5
울진의 경관

울진군의 동쪽 낙동정맥을 따라 금강소나무 군락지가 펼쳐지고 있으며, 숲의 원형이 잘 보존되고 있다. 금강송면 소광리는 우리나라 최대의 금강소나무 서식지이다. 금강소나무 숲이 연출하는 산림 경관은 울진군의 대표 경관이다.

울진군의 경관 구조

울진군의 서쪽은 태백산맥의 응봉산·오미산·통고산·백암산 등 1,000m 내외의 산들이 북에서 남으로 길게 뻗어 이어지고 있으며, 동쪽은 동해안과 접하여 서고 동저형 지형을 이루고 있다. 해발 300m 이상의 고산지대가 약 50%를 차지하며, 대부분의 농경지와 취락지는 해안선을 따라 형성되어 있다. 태백산맥 산악지에서 발원하여 동해로 유입되는 하천은 길이는 짧지만 유역이 넓어 수량이 풍부하다. 특히 왕피천은 맑은 물과 V 자형 협곡 등으로 수려한 경관을 연출하며, 지난 2005년 생태경관 보전지역으로 지정되어 주요한 자연환경 거점이 되고 있다.

울진 지역은 산지 비율이 86%나 되고, 평균 경사가 20° 이상인 곳들이 대부분을 차지한다. 동쪽의 평야와 해안지대를 제외하면 90% 이상이 산간지역이다. 마을은 산자락이 끝나 경사가 다소 완만해지는 지점에 산재해 있으며, 주민들은 집 주변 좁은 땅을 농경지로 개간하여 생활을 이어 왔다.

해안 지역은 농경지 또는 낮은 구릉지와 취락으로 이루어져 있으며, 일부 지역은 돌출 암반에 의해 단애를 형성하고 있다. 해안선을 따라 사이사이 자리 잡은 7개의 해수욕장은 주변의 송림 및 기암괴석들과 함께 울진의 독특한 해안경관을 이룬다. 이와 함께 죽변항을 비롯한 7개의 항구는 해안 지역의 주요 거점 경관이 되고 있다. 도시는 해안에 인접하여 자리 잡고 있으며, 북쪽의 울진읍과 남쪽의 평해읍을 중심으로 시가지를 형성한다. 도시지역의 면적은 전체 군의 4.5% 정도에 불과하다.

*《2020 울진군 기본 경관 계획》, p.32.

울진군 경관자원 분포도

울진군의 동쪽 낙동정맥을 따라 금강소나무 군락지가 펼쳐지고 있으며, 숲의 원형이 잘 보존되고 있다. 금강송면 소광리는 우리나라 최대의 금강소나무 서식지이다. 금강소나무 숲이 연출하는 산림 경관은 울진군의 대표 경관이다. 울진의 또 다른 역사문화 경관으로는 월송정과 망양정이 있다. 이 둘 모두 관동팔경에 속하는

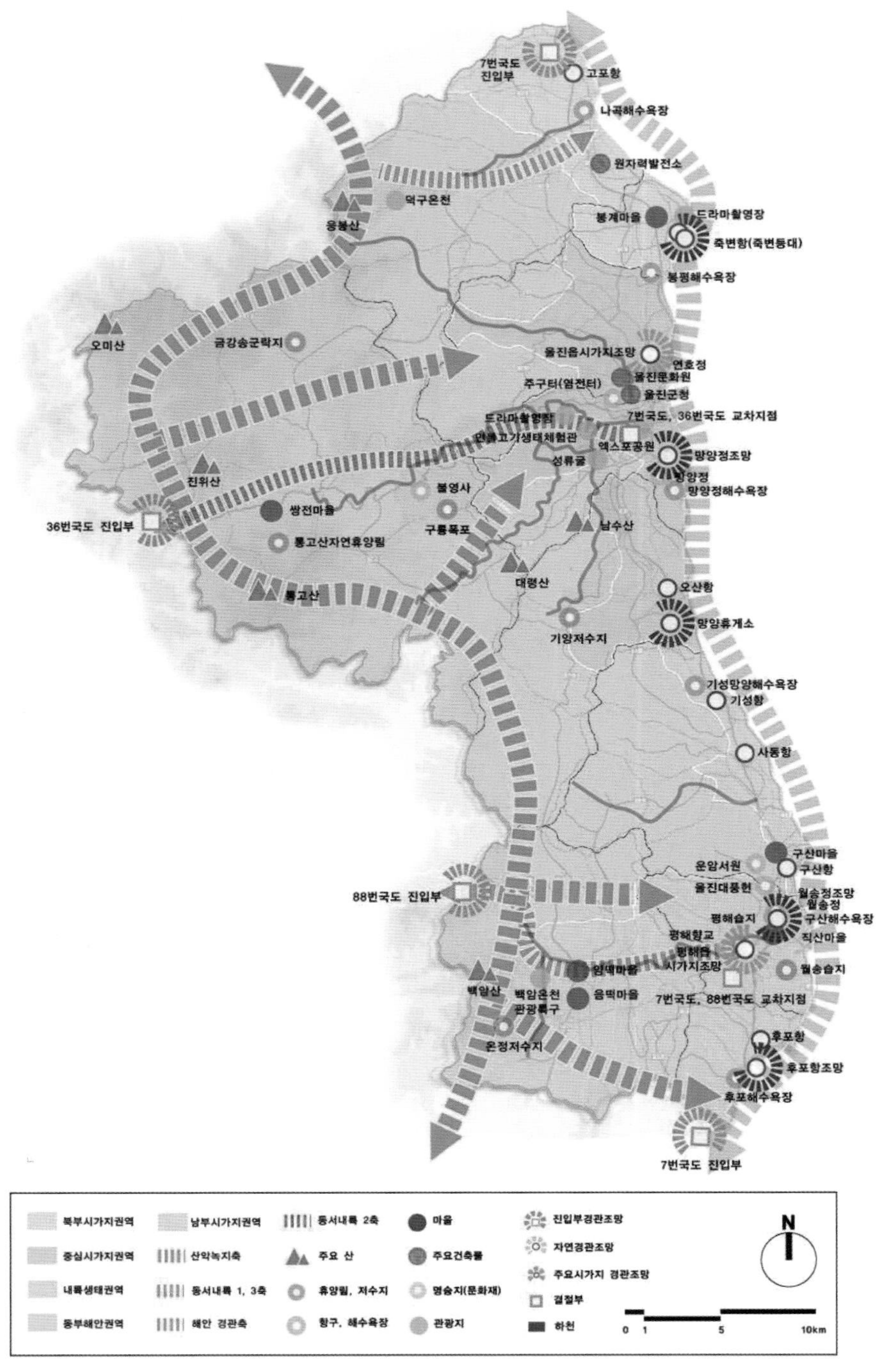

*《2020 울진군 기본 경관 계획》, p.101.

울진군 경관 기본 구상도

정자들인데, 주요 경관 조망점을 이루고 있을 뿐만 아니라 관광의 목적지가 되고 있다. 이 밖에 덕구온천과 백암온천, 불영사계곡 등도 많은 사람들이 찾는 주요한 관광지로서 거점 경관을 이룬다. 울진은 산과 바다, 강과 온천이 바탕이 되는 자연경관의 인프라 속에서 사람들이 촌락을 이루며 살아온 전형적인 자연친화 도시이다.

경관 구조의 측면에서 볼 때 네 개의 경관 축이 울진 경관의 뼈대를 구성한다. 구체적으로는 낙동정맥 및 주변 산악지역을 중심으로 하는 산악녹지축, 해안선을 중심으로 하는 해안경관축, 우수한 생태환경의 왕피천과 불영사계곡 주변의 수변생태축, 국도 917·36·88번을 중심으로 하는 동서내륙축이 그것이다. 그리고 이러한 경관 축을 기반으로 울진군청을 중심으로 하는 중심 시가지 권역, 죽변항과 원자력발전소를 중심으로 하는 북부 시가지 권역, 평해읍과 후포항을 중심으로 하는 남부 시가지 권역, 그리고 7번 국도를 따라 이어지는 동부 해안 권역과 낙동정맥을 중심으로 하는 내륙 생태 권역이 주요 경관 권역을 이룬다. 동부 해안 권역에는 아름다운 어촌과 많은 역사문화재들이 위치하며, 내륙 생태 권역에는 이 책의 주제이기도 한 울창한 금강소나무 숲이 청정 자연을 이루고 있다.

경관 축과 경관 권역 속에 산정·휴양림·저수지·습지 등으로 구성되는 생태경관 거점, 항구·건축물·마을 등으로 구성되는 지표적 경관 거점이 자리 잡고 있다. 그리고 명승지·관광지·해수욕장 등으로 구성되는 역사문화 경관 거점, 군으로 진입하는 관문들과 결절부·조망점 등으로 구성되는 관문 조망 거점 등이 울진의 경관을 구성하는 주요 요소들이다.

지도에 나타난 울진의 역사경관

울진은 1963년 1월 1일 경상북도에 편입되기 전까지 강원도에 속했다. 조선 중종 25년(1530)에 이행(李荇) 등이 증보한 『신증동국여지승람』에는 〈팔도총도(八道總圖)〉와 함께 각 도의 지도가 실려 있다.

〈팔도총도〉의 강원도 부분을 살펴보면 울진은 위로는 삼척, 아래로는 평해와 접하고 있으며 앞 바다에는 울릉도와 독도(우산도)가 자리하고 있다. 『신증동국여지승람』의 본문에는 울진현이 동쪽으로는 해안까지 9리, 서쪽은 경상도 안동부(安東府) 경계까지 81리, 남쪽은 평해군(平海郡) 경계까지 48리, 북쪽은 삼척부(三陟府) 경계까지 44리, 그리고 서울과의 거리는 885리라 설명하고 있다. 이 지도에서는 울진을 '안일왕산(安逸王山)'의 아래에 두어 안일왕산이 울진의 진산임을 보여 준다. 『신증동국여지승람』 본문에서도 안일왕산을 고을 서쪽 41리에 있는 진산(鎭山)이라 하고 있다.

안일왕과 관련하여 전해 내려오는 이야기들이 많이 있다. 2천여 년 전 강릉 지역에는 예국(濊國), 삼척 지역에는 실직국(悉直國), 울진 지역에는 파조국(波朝國) 또는 파단국(波但國)이란 군장국가(君長國家)가 있었다 한다. 기원후 50년경에 삼척의 실직국이 울진의 파조국을 침략하여 합병하였으며, 합병한 지 10년 후 실직국은 강릉의 예국으로부터 공격을 받게 되었고, 당시 실직국을 다스리던 안일왕은 합병한 영토인 울진의 서면 소광리까지 쫓겨 와서 급히 성을 쌓고 임시 피난처

마치 울진에 죽전이 있듯이 소나무 숲(송전(松田))이 있다. 근처의 월송포(越松浦)에는 석성(石城)이 그려져 있는데, 이 성은 1555년(명종 10)에 조성되었으며 수군만호(水軍萬戶)를 두어 해적을 막았다고 한다. 지도 북쪽에는 숙종이 관동 팔경 중 으뜸이라 하여 '관동제일루(關東第一樓)'라는 편액을 친히 써서 내렸다는 망양정(望洋亭)이 보이는데, 1883년(고종 19)에 현재 위치인 근남면 산포리로 옮겨졌다. 향교 서쪽 계곡 속에는 현재 백암온천으로 개발된 온정(溫井)이 보인다.

고산자(古山子) 김정호가 1861년에 제작한 〈대동여지도(大東輿地圖)〉에서 울진은 북으로 삼척, 서로는 영양, 남으로 평해를 지나 영해(寧海)와 이어진다. 도로에는 10리마다 '방점'이라 불리는 점을 찍어 거리를 알 수 있게 하였다. 이를 기준으로 헤아려 보면 삼척까지는 150여 리, 영양까지는 130여 리, 영해까지는 120여 리 정도의 거리이다. 주요 산으로 『신증동국여지승람』에도 기록되어 있는 반이산(潘伊山), 잠산(蠶山), 백암산(白岩山), 전반인산(全反仁山), 죽진산(竹津山), 항출도산(恒出道山), 삼방산(三方山) 등이 그려져 있다. 그리고 죽변곶(竹邊串), 골장포(骨長浦), 울진포(蔚津浦), 구진포(仇珍浦), 정명포(正明浦) 등의 포구가 북에서 남으로 표시되어 있다.

『신증동국여지승람』에 의하면 전반인산에는 봉수(烽燧)가 있었는데, 남쪽은 평해군 사동산(沙銅山)에 응하고, 북쪽은 죽진산(竹津山)에 응하였고, 죽진산 봉수 북쪽으로는 죽변곶·항출도산(恒出道山)·삼척부 가곡산(可谷山)으로 이어졌다고 한다. 이 밖에 고읍(古邑), 능허대(凌虛坮), 성류굴, 주천대(酒泉坮), 망양정(望洋亭) 등의 고적이 기록되어 있다. 울진과 평해 경계부에 '해곡(海曲)'이라는 지명이 있는데, 『신증동국여지승람』에는 "김부식(金富軾)이 이르기를 원래 고구려의 파조현(波朝縣)인데, 신라 경덕왕(景德王)이 이름을 고쳐 울진의 관할 현으로 삼았다 하였는데, 지금 자세하지 않다."고 기록하고 있다.

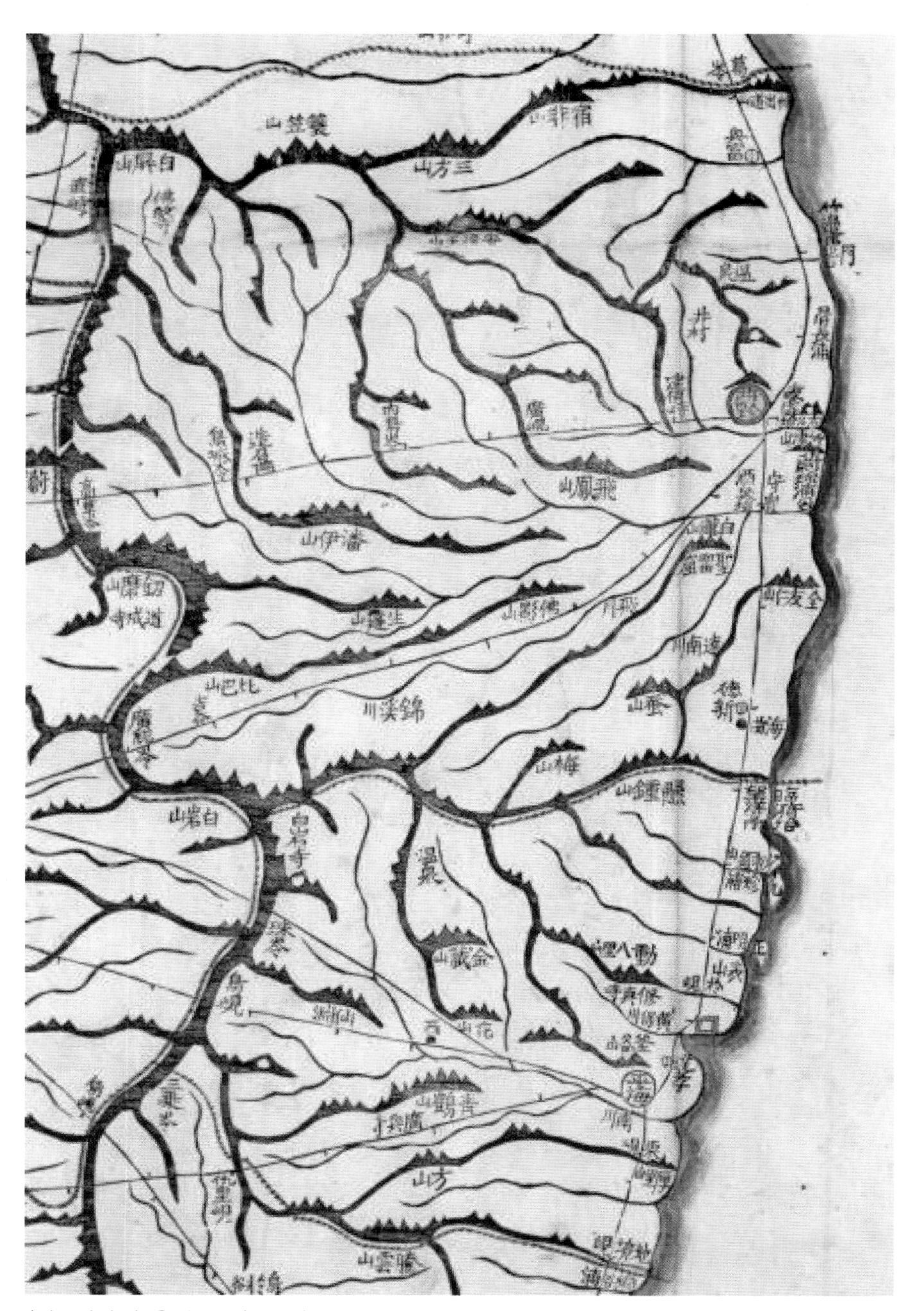

〈대동여지도〉 울진 부분(1861)

주천대는 근남면 행곡리 구미마을에 있는데, 옛날에는 서쪽으로부터 흘러내린 물이 산허리를 뚫었다 하여 '수천대(水穿臺)'라고 하였다. 그러나 1628년(인조 6) 임유후(任有後)가 집안의 화를 입어 23년간 여기에 와 있을 때 이곳의 경치를 사랑해 선비들과 술을 마시고 놀면서 '주천대'로 고쳤다고 전해진다.

울진 지역은 일찍부터 여진의 침입이 잦았으며, 고려 말기에는 왜구의 빈번한 노략에 시달리기도 하였다. 울진현성과 평해읍성은 모두 왜구를 막고 백성을 안주시키기 위해 조성한 결과물들이었다.

월송정에 담긴 소나무 경관 이야기

울진의 역사경관과 소나무를 연계하여 이야기할 때 '월송정'을 빠트릴 수 없다. 고려 충숙왕 13년(1326)에 존무사(存撫使) 박숙(朴淑)이 건립한 것으로 알려진 월송정은 관동팔경의 하나인데, 정자명과 관련하여 몇 가지 재미있는 전설들이 있다. 첫째는 중국의 월국(越國)에서 소나무 묘목을 들여와 심었다 해서 월송(越松)이라 이름 붙여졌다는 설, 둘째는 영랑(令郞)·술랑(述郞)·남석(南石)·안상(安祥) 등 신라 사선랑(四仙郞)이 유람을 하다 우연히 이곳을 지나갔다고 하여 월송(越松)이라는 설, 혹은 네 화랑이 달밤에 솔밭에서 놀았다 하여 월송정(月松亭)인데, '월송(越松)'은 '월송(月松)'과 음이 같은 데서 오는 착오라는 등 여러 이야기들이 전해지고 있다.

이름이 어떤 연유로 오늘에 이르게 되었는지는 논외로 하더라도 분명한 사실은 앞서 『해동지도』를 통해 살펴본 바와 같이 이곳은 예로부터 소나무가 많았으며, 그리고 이 소나무가 여러 역사적·문화적 사연들을 담고 있다는 점일 것이다.

이것은 고려시대 학자였던 가정(稼亭) 이곡(李穀)의 『동유기(東遊記)』라는 기행문에서도 드러난다. 학자이자 문장에 아주 뛰어났던 이곡은 충정왕 1년(1349) 송도를 떠나 철령을 넘어 평해까지 여행을 하며 그 여정을 글로 남겼다. 이 글에서 이곡은 평해에 도착하기 전 5리 지점에 소나무 만 그루가 '월송정(越松亭)'이라는 이름의 정자와 어울려 장관을 이루었다고 기록하였다. 끝없이 펼쳐진 해변과 소나무 숲, 그리고 정자가 어우러진 경관을 글로 남기지 않을 수 없었던 것이다.

『평해읍지(平海邑誌)』에 따르면 조선 성종(1457~1494) 때에는 이러한 일화도 있었다. 왕이 화가들에게 팔도의 명승을 그려 올리라고 했는데, 함경남도 영흥의 용흥각과 평해의 월송정 두 곳이 뽑혔지만 아무도 순위를 정하지 못하였다. 그러자 성종이 나서서 "용흥각의 연꽃과 버들은 아름다우나 두 계절뿐이지만 월송정의 소나무는 사계절이기 때문에 이것을 제일로 하는 것이 좋겠다."고 하며 월송정의 경관에 손을 들어 주었다는 것이다. 이 일로 월송정이 수많은 사람들의 유람처가 되었음은 짐작하고도 남는다.

정조 대왕은 이러한 월송정에 직접 시를 지어 내려 보내기도 하였는데, 여기서도 아름다운 풍경과 함께 소나무 숲이 노래되고 있다.

> 정자를 둘러싼 송백은 울창하고,
> 갈라진 나무껍질 세월이 오래로다.
> 넓고 넓은 푸른 바다는 쉼 없이 출렁이고
> 돛단배는 석양에 무수히 떠 있구나.
> 環亭松柏大蒼蒼
> 皮甲鱗峋歲月長
> 浩蕩滄溟不盡流
> 帆檣無數帶斜陽

월송정과 주변의 소나무 숲은 그림으로도 많이 그려졌다. 겸재 정선의 〈월송정도〉는 간송미술관과 월전미술관에 각각 같은 주제의 서로 다른 그림이 남아 있다. 단원 김홍도 또한 월송정을 화폭에 담았으며, 조선 후기의 학자이자 서화가였던 연객(煙客) 허필(許佖, 1709~1761)도 〈월송정도〉를 남겼다. 겸재의 그림에서는 짙은 소나무 숲이 화폭의 중심을 차지하며 시선을 사로잡는다면, 단원의 그림에서는 넓은 바다와 해변, 그리고 정자를 둘러싼 소나무 숲이 고즈넉하게 재현되어 있다.

일제강점기에 월송정은 파괴되었고, 소나무 숲도 훼손되었다 한다. 정자는 1933년과 1969년에 새로 지어졌다가 1980년 현재의 모습으로 다시 지어졌다. 불에 타 황량한 벌판이 된 소나무 숲도 1956년 월송리에 사는 '손치후'라는 사람이 해송 1만 5천 그루를 다시 심어 오늘에 이르고 있다고 전해진다.

〈월송정〉, 겸재 정선(1676~1759), 비단, 21.5×31cm, 월전미술관

〈월송정〉, 겸재 정선(1676~1759), 지본담채, 32.3×57.8cm, 간송미술문화재단

『금강사군첩(金剛四郡帖)』의 〈월송정〉, 김홍도(1788), 견본담채, 30×43.7 cm, 한국데이터베이스진흥원

사라진 화전경관

화전은 산을 불태운 후 생성되는 초목의 재를 거름으로 이용하여 곡식을 파종하고 수확하는 원시적인 농법을 말한다. 농사를 짓는 화전민들은 이런 방식으로 농사를 짓다가 땅의 지력이 다하면 다른 곳을 물색하여 또다시 같은 방법으로 화전을 일구어 생활하기를 반복한다. 울진의 화전은 1970년대 중반까지 이어졌다.

화전은 불대기(부덱이, 부덕, 화덕(火德)), 화전(火田), 산전(山田)의 순서로 진행되었다. 불대기는 원시림에 처음 불을 지른 해에 작물을 부치는 경우이며, 화전은 불대기한 지 2년 이상이 되는 밭을 가리킨다. 산전은 지속적으로 화전한 결과 일반 토지와 차이가 없게 된 것을 말한다. 이처럼 첫해를 '화덕'이라 부르고, 2년 후부터는 '화전'으로, 그리고 숙전화(熟田化)된 것은 '산전'으로 구분하고 있지만 울진 지역 산골마을에서는 화전과 산전이 혼용되어 사용되었다.

산기슭에 위치한 많은 농경지들은 화전의 결과로 추정된다. 화전민들은 화전을 통해 적은 토지를 극복하려 노력하였는데, 옮겨 다니기 어려운 경우 정주화전을 하였다. 산전에는 주로 서숙(조)·콩·팥·감자 등을 심었는데, 매년 순서를 지켜 파종함으로써 토지가 가지고 있는 지력이 한 작물에 의해 빠져나가지 않도록 순환하며 재배하였다 한다. 그리고 조그마한 자투리땅에는 채전을 일구어 채소를 자급하였다.

화전은 경지(경작지(耕作地)) 선정, 정지 작업, 불태우기, 새 밭 파기, 새 밭 가꾸기의 순으로 진행되었다. 경지는 대부분 골짜기 주변 평지를 중심으로 선정하였지만 경사 35도까지도 활용하였다. 그리고 일조량과 지질, 보습 정도, 큰 바위나 돌멩이가 없는 곳을 감안하여 선정하였다. 화전을 일구는 과정을 구체적으로 살펴보면 늦가을 낙엽이 떨어진 후부터 경작 예정지 안에 크고 작은 나무들을 전부 베어 눕

울진면 호월 1리 객토 공동 작업(1973년 2월 8일), 울진뉴스

히는데, 다음 해에 불태우기 좋게 가늘게 잘 탈 수 있는 것은 밑바닥에, 굵은 나무는 적당히 토막을 내어 그 위에 배치하였다. 불태우기는 파종 예정일을 정하여 공동으로 작업하였다. 이때 사람은 하루 작업량을 감안하여 최고 4~5명에서 최대 10명까지 동원되었다. 불태우기 작업은 많은 주의가 필요하기 때문에 풍량, 풍속 등을 감안하여 불길이 다른 곳으로 번지지 않도록 하였다. 대부분 밭 경계 윗부분부터 아래쪽으로 서서히 태워 내려오다가 약 3분의 2 정도가 타면 아래쪽에 맞불을 놓았는데, 그 화력이 엄청나서 상당한 주의를 필요로 하였다. 불태우기 작업이 끝나면 곧바로 파종을 하게 된다. 먼저 서숙 씨를 전면에 흩뿌리고, 경사 밑 부분부터 괭이로 씨앗이 묻힐 수 있도록 파 올라가는 식으로 하였다 한다(울진문화원).

화전 농업의 주요 내용

단계 구분	주요 내용
경지 선정	• 골짜기 주변 평지를 이루는 곳(경사 35° 까지도 가능) • 일조량과 지질, 보습 정도, 큰 바위나 돌멩이가 없는 곳 선정
정지 작업	• 늦가을(낙엽이 떨어진 후)부터 경작 예정지 내 지상물 제거 • 다음 해 불태우기 좋게 배치
불태우기	• 파종 예정일을 정하여 공동으로 작업 • 풍량, 풍속 등을 감안하여 불길이 번지지 않도록 작업 • 밭 경계 윗부분부터 아래쪽으로 서서히 태워 내려오다가 약 3분의 2 정도 타면 아래쪽에 맞불을 놓음.
파종	• 불태우기 후 곧바로 파종 • 첫해에 서숙(조), 다음 해에는 콩과 팥 등, 그 다음 해에는 다른 곡식을 순서대로 파종
김매기	• 파종이 끝나면 이때부터 4~5년 정도 '새 밭(새로 일군 밭)'이라 호칭 • 굵은 나무뿌리가 완전히 썩어 없어지는 기간이며, 소로 밭 갈기를 할 수 있기까지 • 화전 첫해는 잡초가 거의 없어 간단히 김매기 시행 • 이듬해부터 잡초가 무성하게 자라 호미로 김매기
수확	• 품앗이로 집집마다 돌아가며 시행 • 말려 놓은 곡식들을 마당에 깔아 놓고 여러 명이 둘러서서 도리깨로 두들겨서 탈곡 • 쉬었다가 다시 반복하기를 여러 번 시행

* 울진문화원, 『전내마을의 삶』, 1998, pp. 17~22.

이주민
구 가옥 모습
(대광천)

개간 완료 후
(대광천)

화전민 시범부락 조성사업, 울진뉴스

산림녹화사업과 무장공비 출몰 등으로 인해 1965년부터 시작된 화전민 이전사업은 1973년부터 본격적으로 시행되었다. 1960년대 중반부터 전국적인 화전 현황 재조사를 바탕으로 화전민들을 이주, 이전, 현지 정착으로 구분하여 관련 사업의 구체적인 시행 규모를 확정하였다. 특히 1968년에 '화전정리법'을 제정하고, 각 시 군별로 화전정리사업을 위한 추진 본부와 위원회를 설치하여 화전의 산림 복구와 농경지화, 화전민의 이주, 이전, 현지 정착 대상자 심사 등을 하도록 했다.

당시 울진군의 각 산골에 흩어져 화전으로 생업을 영위하던 가구 수는 3천725가구에 달했다고 한다. 1976년부터 2년 동안 화전정리사업을 통해 산림 372ha 면적의 화전이 정리되었으며, 화전민들의 이주와 이전을 도와주기 위해 7천240만 원의 예산이 소요됐다고 보도되었다. 소광리 일대에서는 현재 마을로 편입된 이주촌의 토지이용과 주거 형태를 일부 확인할 수 있다. 화전민 마을들과 화전은 이후 급격하게 줄어들었으며, 1978년 공식적으로 울진의 농업경관에서 사라졌다.

울진군의 시대별 화전 면적

년도	1967	1968	1969	1970	1971	1972	1973	1977	1978	1979
면적	502	388	401	401	388	388	115	72	-	-

* 국가통계포털(산림기본통계 : (면적) 임상별, 관리기관별, 시군구별 화전 면적)

금강소나무가 만들어 낸 울진 산림농업경관

울진군 금강송면 소광리 일대 금강소나무 군락지는 1천284만 그루의 금강소나무가 장엄한 산림경관을 형성하고 있다. 적게는 30년, 많게는 500년이 넘는 수령의 소나무들이 하늘이 보이지 않을 정도로 빼곡하게 군락을 이루고 있다. 조선시대부터 왕실에 필요한 목재를 공급하는 황장봉산으로 지정되어 엄격히 관리되어 왔고, 현재는 산림유전자원 보전지역으로 지정되어 보호되고 있다. 금강소나무가 연출하는 산림경관의 저변에는 출입을 통제하고 벌목을 금지한 정치적이고 사회적인 기작이 깔려 있지만 이 속에는 오랜 세월 동안 금강소나무와 더불어 살아온 주민들의 삶과 농업 활동 또한 함께 어우러져 있다.

황장봉산제도는 조선 숙종 6년(1680)에 처음 시작되었는데, 이후 여러 지역으로 확대되어 19세기 초에 이르러서는 전국적으로 60곳에 황장봉산을 지정하였다. 이 제도는 양질의 소나무인 황장목을 확보하기 위해 황장목이 있는 지역을 '봉산(封山)'이라 지정하고 일반인들의 접근을 막았던 일종의 산림보호정책이었다. 1808년(순조 8)에 편찬된『만기요람』에 따르면 당시 경기도와 제주도를 제외한 조선 6도에 봉산(封山) 282곳, 황장목 봉산 60곳, 송전(松田) 293곳 등 모두 635곳을 봉산으로 지정하여 일반인들의 입산을 금지했다. 울진현에는 총 3곳의 봉산이 있다고 기록하고 있다. 울진 소광리에 황장봉계표석이 있듯이 울진의 금강소나무는 황장봉산제도의 산물이다.

금강소나무는 항균 작용을 하는 피톤치드와 테르펜 성분, 솔잎과 송진 등이 다른 식물의 성장을 방해한다고 한다. 이러한 특성이 강한 봉산정책과 함께 작용하여 금강소나무 숲에서의 농업은 매우 제한적일 수밖에 없었다. 이로 인해 울진에서는 금강소나무 군락과 인접한 중산간지역을 중심으로 자연산 송이버섯과 함께 약초·산열매·산나물 등을 생산하고, 마을과 인접한 평야지역에서는 옥수수·감자·콩·보리 등 자급자족을 목적으로 한 농업이 이루어졌다. 주민들의 약속(송계(松契))에 의해 만들어진 송계림은 마을 주변 경관의 틀을 형성하며, 비보와 신앙의 공간인 마을 숲과 당산나무는 험준한 자연에 맞서 살아가는 주민들의 민간신앙의 공간이 되면서 이곳 산촌 마을의 농업경관과 어우러졌다.

소광리 금강소나무

울진의 산촌 마을에는 금강소나무를 보호하면서 어려운 농업 환경을 극복하고 지혜롭게 살아온 마을 주민들의 삶이 녹아 있는 산지농업이 있다. 오랜 시간 국가와 민간의 보호와 관리로 형성된 울창한 금강소나무 군락의 지속 가능한 이용을 담은 산림경관, 마을 주변의 숲과 밭이 만나는 임연선(Ecotone)을 따라 이어지는 밭농업경관, 소나무 숲 사이를 흐르는 계곡에 보를 막고 도랑을 연결하여 물길을 내고 자연 고저 차를 이용하여 농사를 짓는 산간지역 수전농업의 풍경은 울진의 농업경관을 읽는 주요한 세 장면이다.

6
울진 주민의 생활과 문화

천년 이상의 역사를 지닌 울진 지역의 금강소나무 숲은 단순히 소나무로 이루어진 숲이 아닌 지역주민들의 중요한 생계 수단이다. 또한 사회적, 문화적 공간이면서 민속신앙으로까지 이어지는 주민들의 다양한 생활의 흔적들이 스며들고 누적된 삶의 산물이다.

금강소나무 숲에서의 생계 활동

한반도에 소나무가 출현하게 된 시기는 지질시대로, 약 5천 년 전부터 소나무가 우점하였다. 소나무가 많이 분포하는 지역은 화강암과 화강편마암의 모암으로 생성된 모래질이 많은 갈색 산성 토양 산림지대의 물리적 특성을 지니고 있다. 또한 산촌지역은 해가 짧고 골자기가 깊으며 물이 귀해 사람들이 농사를 짓고 살기에는 적합하지 않은 땅이다. 그러나 울창한 금강소나무 숲은 빗물을 저장하고 물길을 따라 숲에서 만들어진 유기물질을 하류로 보내는 역할을 하면서 숲 언저리를 따라 사람들이 하나 둘씩 모이게 되었고, 작은 마을을 형성하게 되었다. 또한 깊은 산속의 농부들은 화전을 일구며 이동식 농업을 하며 살아왔다.

오랜 세월 동안 울진의 산촌 마을 주민들은 금강소나무와 함께 살아가는 농업과 임업을 선택하였고, 그 결과 숲이 주는 다양한 혜택을 생활에 활용하며 열악한 산촌 마을의 환경을 극복하고 살아올 수 있었다. 숲과 공생하며 살아오기 위해 이 지역주민들은 '송계'라는 계를 조직하여 마을 주민 공동체가 금강소나무 숲의 보호를 근간으로 한 지속 가능한 이용의 지혜를 발휘하였

산촌 마을의 토지이용과 농업(금강송면 전내리)

으며, 금강소나무를 단순한 자연생태계의 구성원인 나무가 아닌 삶의 중요한 터전 이자 신앙과 숭배의 대상으로 삼아 만들어 내는 이 지역만의 독특한 문화와 경관을 형성하고 있다.

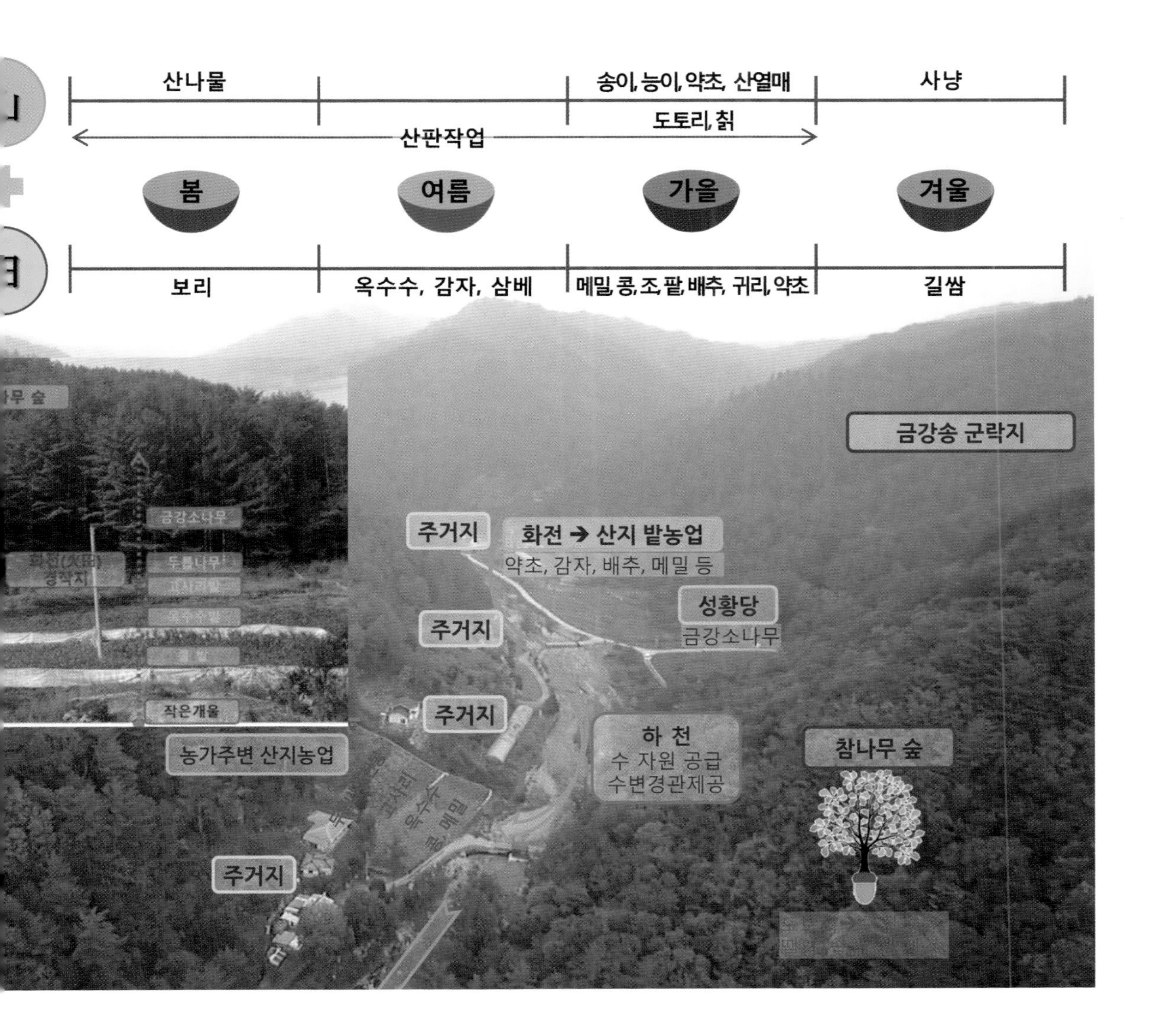

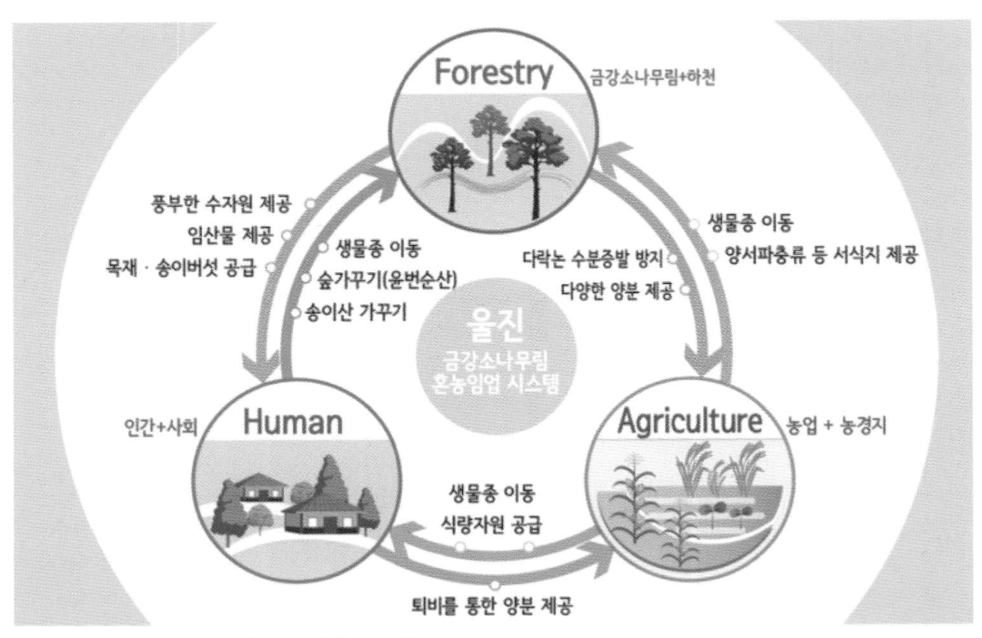

울진 금강소나무 숲의 혼농임업 시스템

울진 산촌 마을 주민들은 숲과 더불어 산비탈과 다락논에 농사를 짓고 마을을 형성하여 살고 있으며, 숲과 사람과 농업이 상호보완의 관계를 통해 지속 가능한 산촌의 농경문화를 형성하고 있다.

화전을 통한 농지의 확보

일반적으로 산촌지역에서는 산나물과 같은 산림 부산물 채취를 통해 생계유지 또는 경제활동을 한다. 하지만 울진에서는 전역에 분포하는 금강소나무의 타감 작용 때문에 다른 식물들이 자라는 것을 방해하여 식량을 얻는 것은 어려웠다. 따라

금강소나무와 함께하는 생활문화

천년 이상의 역사를 지닌 울진 지역의 금강소나무 숲은 단순히 소나무로 이루어진 숲이 아닌 지역주민들의 중요한 생계 수단이다. 또한 사회적, 문화적 공간이면서 민속신앙으로까지 이어지는 주민들의 다양한 생활의 흔적들이 스며들고 누적된 삶의 산물이다. 울진 주민들은 주어진 자연환경 속에서 생계를 이어 오기 위해 금강소나무 숲과 공생하는 방법을 많은 시행착오를 거치면서 다양한 방식으로 적응해 왔다. 그 산물로서 울진 금강소나무 숲과 함께 살아가는 주민들의 삶의 방식이자 금강소나무 숲과 주민들의 공생 시스템이 정착되어 현재의 모습에 이르고 있다.

십이령이 남긴 보부상 문화

조선시대 고지도인 〈대동방여전도〉에 표시되어 있는 십이령 옛길은 울진과 봉화를 잇는 옛 보부상들의 길로서 내륙의 봉화 지역까지 이어지는 12고개(약 130리) 길이다. 보부상들은 십이령 옛길을 통해 울진 지역에서 생산된 소금, 소금에 절인 어물, 미역, 땔감 등을 지게로 지고 넘어가서 판매하였다. 반대로 오는 길에는 울진 지역에서는 귀한 쌀 등의 곡식과 봉화 지역의 내성장, 춘양장, 법전장, 재산장에서 잡화와 약품 및 양곡·포목 등을 공급하는 역할을 하였다. 십이령 옛길은 이들 보부상들에게 매우 중요한 교통 통로의 역할을 한 것이다.

울진 금강소나무 숲은 과거 보부상들이 해산물을 내륙에 팔던 십이령을 품고 있어 관련 문화와 흔적이 곳곳에 남아 있다. 그 대표적인 것은 울진군 북면 두천리에 있는 경북문화재 자료 제310호인 '울진 내성 행상불망비'로, 1890년경 울진과 봉화를 왕래하며 상행위를 하던 상인들이 그들의 최고 지위격인 접장(接長) 정한조와 반수(班首) 권재만의 은공을 기리고자 세운 철비가 있다.

보부상이 다니던 십이령 옛길에는 14개의 주막이 있었는데 시치재 입구 주막, 부구 3리 주막, 샘수골주막, 주인 1리 성황당 앞 주막, 상당주막, 두천주막(말래주막), 바릿재주막, 장평주막(쟁패주막), 샛재주막, 소광리주막, 평전주막, 큰넓재주막, 적은넓재주막, 외광비주막, 내광비주막 등이다. 옛날의 주막은 모두 없어졌지만 말래주막거리와 소광리주막거리에 금강소나무 숲길 탐방객을 위한 주막이 있으며, 샛재주막거리는 숲길 탐방객들에게 주막촌의 흔적을 볼 수 있는 곳으로서 보부상 문화가 남겨 놓은 문화적 경관을 볼 수가 있다.

십이령을 넘나들며 울진과 봉화 지역의 장시를 장악하였던 보부상이 일제강점기에 들면서 퇴조하여 그 역할을 대신한 대표적인 행상단이 '선질꾼'이다. 이들을 부르는 이름은 매우 다양한데, 일반적으로 선질꾼·등금쟁이(바지게꾼)이라 부른다. 이들을 부르는 명칭은 원래 '선질꾼'이었으나 어느 시기에 바지게를 지고 다닌다고 하여 '바지게꾼'으로 부르게 되었다. 주막에서 돈을 차고 자면 도둑을 맞을 수 있기 때문에 돈을 주막집 주인에게 맡기는 사람도 있었다. 주막의 안주인이나 술을 파는 주모를 '갈보'라고 하였는데, 갈보는 요즘의 '마담'으로 보면 된다. 여기서 얼굴이 통통하면 '호박갈보'라 하였다고 한다. 선질꾼들과 마을 주민들은 친하지 않았으나 자고 가는 주막집 주인들과는 친분이 돈독했다고 전해진다.

보부상들의 십이령 옛길은 2010년 금강소나무 숲길로 복원되었고, 이와 함께

상당리 당산목

두천리 당산목

전곡리 당산목

금강소나무 당산목 풍경

제·당산제·당제·동신제·도당제 등 다양한 표현을 쓰기도 한다. 울진 지역은 정월 대보름 전후로 동제를 지내는데 이때 산의 신, 서낭신, 목(木)신 순으로 대접하여 산의 신을 높은 신격으로 예를 갖추는 전통이 이어지고 있다.

금강소나무와 관련한 울진의 음식문화

금강소나무는 주민들의 음식문화에도 많은 영향을 미치고 있다. 금강소나무 뿌리에서 공생하는 복령, 송이버섯 등은 울진 지역주민들에게 가장 큰 소득이자 식자재이다. 특히 송이버섯은 울진 지역주민들의 음식문화에도 많은 영향을 미친다. 동해의 해풍을 맞고 자라는 울진 지역의 송이버섯은 깊은 향과 맛을 가지고 있어 미식가들에게 특히 인기가 높은 식품이다.

송이버섯은 울진 주민들에게 귀중한 자원이다. 울진 지역의 임산물 생산 현황을 살펴보면 2016년 기준으로 전체 임산물 생산액 중 송이버섯 생산액이 22억여 원, 전체의 40% 이상으로 가장 높게 나타나고 있어 송이버섯이 울진 지역주민들의 주요한 생계 수단임을 알 수 있다. 과거에는 경기도, 충청남도, 전라남도 등지에서도 송이버섯을 채취하였으나 최근에는 소나무 재선충과 수종 개량 등으로 인해 채취할 수 있는 지역이 현저히 축소되었다. 주로 태백산맥 줄기의 경상북도 울진, 봉화, 영덕과 강원도 양양 등에서 채취되고 있다.

송이버섯은 울진 지역의 음식문화에 많은 영향을 미치고 있다. 주민들은 시기별로 다른 방법으로 조리하는데, 먼저 가을철 송이버섯 채취 시기에는 신선한 상태로 송이버섯 구이나 전골요리를 즐기며, 송이버섯 채취 시기가 지난 후에는 송이버섯을 건조하여 각종 볶음요리·찜요리·국요리 등에 사용하고 있다. 또한 고추장이나 간장 속에 장기간 저장하였다가 송이버섯 장아찌류로 밥상에 올리기도 한다.

이 밖에도 애호박과 송이버섯은 음식궁합이 좋다 하여 애호박국에 송이버섯을 넣거나 송이버섯 애호박 볶음으로도 즐겨 먹는다고 한다. 또 호박 속을 파서 그 안에 송이버섯을 넣고 찜을 하여 별미로 즐겨 먹기도 한다. 또한 송이버섯술, 송이버섯 절편·산적 등 다양한 요리에 송이버섯을 곁들여 섭취하는 등 송이버섯 음식문화를 보유하고 있다.

금강소나무의 꽃인 송화(松花)가 피면 마을 아낙네들은 노란 꽃가루를 채취하여 송화다식, 송화밀수(蜜水)를 만드는 데 사용해 왔다. 송화다식은 송홧가루에 꿀·찹쌀가루를 섞어 만든 음식으로, 혼례·회갑·제사상에 주로 사용되고 있다. 송화밀수는 송홧가루를 꿀물에 타서 잣을 띄운 것으로, 여름철 더위를 식혀 주는 특별한 음식이다.

송이구이 송이산적 애호박송이국
송기무침 송기떡 송화다식
* 울진군청, 브런치, 한국민족문화대백과, 위키백과

다양한 송이버섯 음식

한편 일반 가정에서도 금강소나무를 활용한 음식이 많다. 예를 들어 솔잎은 그냥 씹어 먹으면 피로가 풀린다고 하여 심마니들에게는 비상식량으로 매우 유용했으며, 일반 가정에서는 송편을 만들 때 솔잎과 함께 찌면 송편끼리 달라붙는 것을 방지하고 솔잎의 그윽한 향이 스며들게 하여 맛 좋은 송편을 만들 수 있었다.

금강소나무는 목재로도 높은 가치가 있어 보전 대상이었지만, 배고픈 춘궁기에는 구황식물로 섭취하거나 산림 부산물을 제공하여 울진 지역주민들의 삶과 생계를 영위시켜 주는 소중한 나무이기도 하였다. 금강소나무 줄기의 속껍질(백피)인 송기(松肌)는 예부터 구황식품으로 이용되었으며, 그대로 먹거나 밥 위에 올려 쪄서 먹거나 말려서 가루로 만든 후 송기떡이나 죽으로 만들어 먹기도 하였다. 송기는 질기고 섬유질이 풍부하다. 봄에 송기밥을 여러 번 해 먹고 변비로 고생하는 주민들도 있었다고 한다.

소나무가 죽은 후 4~5년이 지난 뿌리에서 자라는 복령은 강장·이뇨·진정 작용에 효능이 있어 귀한 약재로 사용되었다. 이 밖에도 송홧가루에 밤가루, 꿀을 물에 타 만드는 송화산(松花散)은 장염이나 소화기 계통의 질병에 좋으며, 관솔[40]은 피톤치드가 풍부하여 항균·살균·탈취·진정 작용이 있어 술을 담아 마시면 근육통 완화 작용에도 효과가 있다. 송진은 금강소나무의 상처에서 나오는 것으로, 세균의 번식을 억제하는 항균력이 강하여 염증을 치료하는 고약이나 궤양 등을 치료하는 한약재로 쓰였다. 이처럼 소나무는 오랜 세월 동안 우리의 일상생활에서 버릴 것 하나 없는 매우 유용한 역할을 해 왔다.

또, 울진 지역은 천일염 생산이 유명하다. 바닷물을 말린 뒤 솔가지로 가열하여 소금을 결정시키는 '자염'은 금강소나무와도 관련이 깊다. 자염을 만들기 위해서

***

40) 소나무가 죽어 오랜 기간 동안 썩어 없어져 단단하고 무거운 송진 덩어리로 된 상태를 말함.

복령

관솔

* 위키백과, 한민족문화사전, 우리문화신문

금강소나무의 다양한 활용

는 강력한 화력이 필요했고, 금강소나무의 송진 성분이 높은 온도를 유지하면서 바닷물을 끓이는 데 적합했다. 바닷물을 끓여서 소금을 생산했던 울진 지역의 전오염식 염전은 약 60여 곳 이상 있었다고 알려져 있다. 이러한 방식으로 소나무 향이 밴 울진의 천일염은 영남 내륙의 음식문화 중 중요한 특징인 염장식 전통음식문화의 밑바탕이 되었다. 동해 바닷가에서 소금에 절인 해산물과 소금을 판매하기 위한 5일장 문화가 활성화되었던 시기에 울진의 소금과 염장한 어물 등은 그 자체로도 보부상들의 주요 상품이었고, 주변 지역과 교역의 대상이었다. 특히 경상북도 안동 지역의 특산물로 널리 알려진 '간 고등어'는 사실 울진의 천일염과 동해안의 해산물, 그리고 영남 내륙과 울진 동해 연안을 연결하는 백두대간의 십이령 옛길을 통한 물품 교역이 복합적으로 상호 작용하여 만들어진 이 지역의 독특한 음식문화의 산물인 것이다.

이처럼 바다와 내륙을 연결하는 지리적 특성으로 인해 울진 금강소나무 숲 지역은 독특한 음식문화가 발달하였고, 교류와 교역이 빈번한 지역의 특성으로 바다와 산에서 나오는 다양한 식자재를 활용하여 간 고등어로 대표되는 독특한 염장문화가 발달되어 오늘에까지 계승되고 있는 귀중한 지역의 자산이 되고 있다.

한 주민들의 자긍심을 높임으로써 지역주민들의 자발적 농업유산 보전활동을 유도하는 데 그 목적이 있다.

농업유산의 특성상 관광의 대상이 되는 농업유산 지역이 서로 붙어 있지 않고 넓은 공간에 산재되어 있는 경우가 대부분이기 때문에 농업유산관광의 활성화 측면에서 그 대상은 해당 농업유산 지역뿐만 아니라 지역 내에 위치한 농촌의 자원(농촌유산, 농촌관광 대상 자원 등)을 포함하는 것이 바람직하다. 이러한 농업유산 관광의 특성을 고려할 때 '지붕 없는 박물관', 즉 에코뮤지엄 개념은 농업유산관광의 대표적인 형태로 인식 가능하다. 에코뮤지엄은 "지역사회 사람들의 생활과 그 지역의 자연환경·사회 환경의 발달 과정과 역사를 탐구하고, 자연유산 및 문화유

에코뮤지엄

에코뮤지엄(Ecomuseum)은 'Ecology'와 'Museum'의 합성어로, 글자 그대로의 의미로 해석하면 전통적인 박물관의 기능에 자연생태·자연환경의 보전을 중요한 요소로 포함시킨 것으로 볼 수 있으며, 농업유산에 적용이 가능하다.

에코뮤지엄과 전통적 박물관과의 차이점

	전통적 박물관	에코뮤지엄(지붕 없는 박물관)
전시 공간	실내	실외 (Open Air)를 포함 －지역 또는 마을 전체가 전시 공간
전시물의 대상	유형적, 점적인 요소 위주 (수집된 전통적 유물, 자료)	무형 요소, 점적인 요소를 포괄 (농업유산 지역, 농촌의 생활과 관련된 전통 문화·지식·기술 등)
전시물의 보존	박물관으로 유산을 이전하거나 복원하여 전시	전시물을 현지에서 보존, 전시
관람 방식	단순 관람	관람과 체험이 가능
운영 주체	박물관, 전문가	지역사회(지역주민)

산을 현지에서 보존·육성하고 전시하는 것을 통해서 해당 지역사회의 발전에 기여하는 것을 목적으로 하는 박물관"으로 정의되고 있다. 즉, 에코뮤지엄은 유산(Heritage), 박물관(Museum), 참여(Particiption)를 핵심 요소로 삼으며 농업유산에서 중요시하는 유산의 역사성과 독창성, 유산의 보존과 활용 가능성, 참여 등의 프로젝트 수행성 등과 상통하는 부분이 많이 있다(장세길, 2013).

금강소나무와 농업유산관광

앞에서 언급한 바와 같이 농업유산관광은 에코뮤지엄의 개념을 가지고 해당 농업유산뿐만 아니라 대상지와 지역을 포괄하는 것이 좋다. 즉, 금강소나무에만 국한하여 관광을 한정지을 것이 아니라 금강소나무 숲과 그 인접 지역, 더 나아가 울진 지역 전체를 아우르는 공간적 범위를 설정하는 것이 바람직할 수 있다. 따라서 이러한 견지하에 금강소나무 농업유산관광을 울진의 농업유산관광으로 확대시키도록 하며, 이러한 개념은 울진의 생태관광이라고도 할 수 있다.

울진은 한반도의 등허리 부분에서 태백산맥이 남쪽으로 뻗어 내려와 동해와 맞닿는 곳에 위치한다. 울진의 서쪽 반은 태백산맥의 주령에 해당하며, 백암산·통고산·통길산·오미산 등 1,000m 이상의 높은 산이 많다. 하늘 높이 우뚝 솟은 아름다운 기암괴석 사이로 맑은 물이 흐르며, 곳곳의 계곡들은 높은 산과 조화를 이루며 계절마다 아름다운 경관을 연출한다. 반면 동반부는 200m 전후의 구릉지대가 완만한 경사를 이루면서 바다까지 이른다. 즉, 울진은 수려한 태백산맥의 산세와 청정 동해바다가 나란히 맞닿아 있어 산림생태와 해양생태를 동시에 즐길 수 있는 지역이다. 82㎞나 되는 해안선을 따라 항상 맑고 푸른 동해의 해양생태를 접할 수 있으며, 바다는 풍부한 수산물을 제공한다. 동해의 해양생태뿐만 아니라 국내 최대의 금강소나무 군락지, 백암·신선·불영사계곡, 왕피천생태탐방로 등 자연 그대로의 산림생태를 자랑한다. 또한 지하 금강이라 불리는 성류굴, 국내 최고의 수질을 자랑하는 온천 등 그야말로 천혜의 자원을 간직하고 있어 생태관광이 발전할 수 있는 최적의 조건을 갖추고 있다. 동해의 맑고 푸른 바다와 계곡이 어우러진 고장, 그리고 영험한 금강소나무가 꼿꼿한 자세로 뻗어 숲을 이루고 있는 땅, 이런 울진이야말로 오염되지 않은 생태관광의 유토피아라고 할 수 있다.

농업유산관광이 넓은 의미에서 울진의 생태관광과 유사하기 때문에 생태관광의 특성을 통해 농업유산관광의 특성을 도출해 보고 그에 따라 논의를 진행시켜 보고자 한다. 지속 가능한 관광위원회(Global Sustainable Tourism Council , GSTC)에서 정의하는 생태관광의 요건으로 기존 자원의 보전, 지역공동체와의 공생, 소득 창출, 지속 가능한 관광을 꼽고 있다. 즉, 생태관광은 보전과 활용이 동시에 이

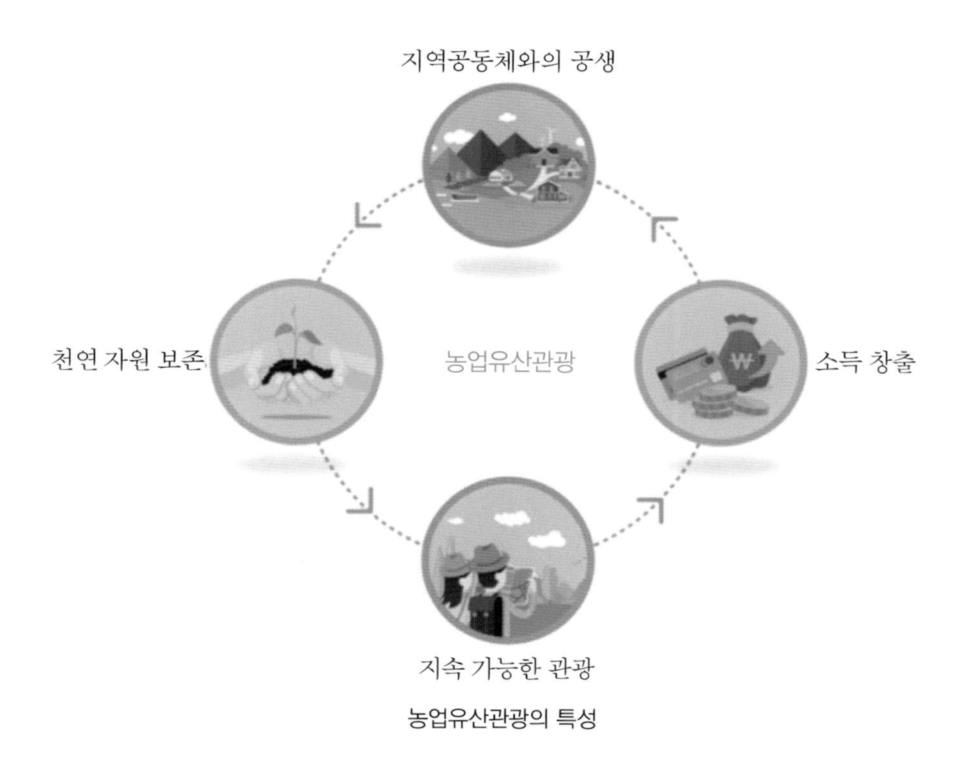

농업유산관광의 특성

루어지는 동시에 지역공동체의 소득 창출과 외부 방문객들의 지속 가능한 관광활동이 이루어져야 한다. 이런 의미에서 울진은 보전과 활용이 균형을 이루며 생태관광이 조화롭게 행해지고 있는 지역이다. 다음 장에서는 국가농업유산으로 지정된 금강소나무 군락지를 생태관광 또는 농업유산관광 측면에서 살펴보고자 한다.

천연자원의 보존

울진의 금강소나무 숲은 물론 울진 일대 생태계는 국가 차원에서 보존이 이루어지고 있다. 우리나라의 환경부에서는 전 국토를 대상으로 환경적인 보전 가치를 평가하여 나타낸 국토환경평가지도를 발표하고 있다. 보전 가치에 따라 1등급에서 5등급까지 분류하고 있으며, 가장 보전 가치가 높은 1등급은 생태 네트워크의 생태 핵심 및 주요 녹지 거점으로 절대 보전지역이라고 볼 수 있다. 백두대간의 중심지 울진은 국토환경평가지도에서 1등급 지역이 전체 지역의 70% 이상 분포하고 있어 자연생태의 보전 가치가 어느 지역보다 높은 지역이라고 할 수 있다. 또한 산림청에서는 금강소나무 군락지 일대를 산림유전자원 보존지역으로 지정하여 금강소나무의 유전자원을 보존하고 있다.

울진의 금강송면 왕피천 및 불영계곡 유역은 멸종위기종 야생 동식물이 다수 서식하고, 원시림이 잘 보존·유지되고 있는 지역이다. 그래서 생태경관 보전지역 및 야생 동식물 보호구역으로 지정되어 있다. '생태경관 보전지역'이란, 자연 상태가 원시성을 유지하고 있거나 생물 다양성이 풍부하여 보전 및 학술적 연구 가치가 큰 지역, 자연생태 및 경관을 특별히 보전할 필요가 있는 지역을 대상으로 지정된다. 울진의 왕피천 일대는 국내 최대의 생태경관 보전지역으로 지정되어 남한의 마지막 남은 원시 자연으로 보존되고 있다. 또한 야생 동식물 보호구역은 멸종위기종으로 지정된 야생 동식물이 서식하는 장소 및 양서류·파충류 보호구역으로, 울진군 금강송면 일대는 야생 동식물의 수렵 및 채취가 금지되어 있다. 이 지역은 산양, 수달, 말똥가리, 흰꼬리수리, 산작약, 고란초, 끈끈이주걱 따위의 멸종위기종이 서식하는 것으로 알려져 있다. 또한 청정한 계곡과 경관이 빼어나 천연기념물 제96호로 지정된 굴참나무 숲과 기암괴석, 깎아지른 듯한 절벽이 많아 생태자원의 보고라고 할 수 있다. 또, 울진 금강소나무 군락지는 국가중요농업유산으로 지정되어 있으며, 울진 일대는 국가지질공원으로 지정되어 무분별한 개발이 불가능한 지역이다.

울진의 생태 보존지역 및 지구 지정 현황

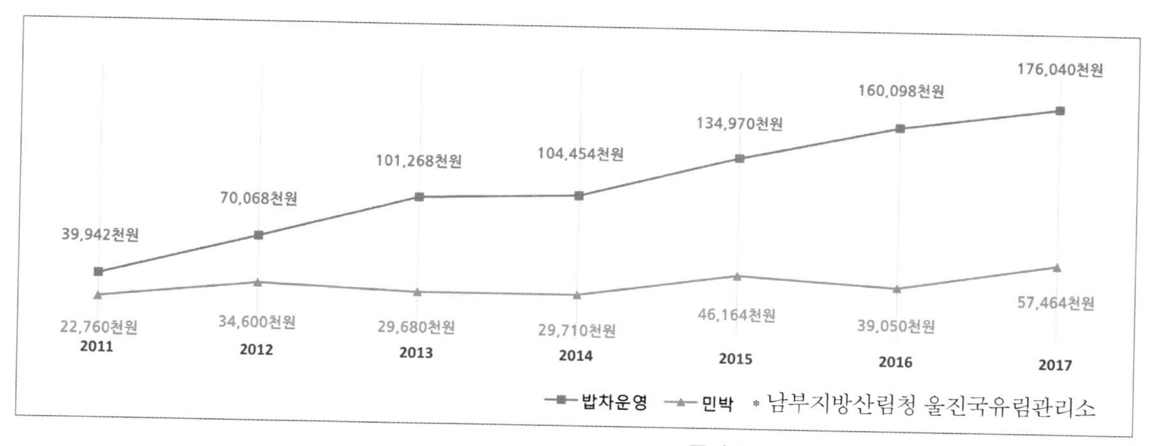

금강소나무 숲 주변 마을 소득 변화

고 있다. 금강소나무를 테마로 하여 전통주·미용 제품 등 관광 상품으로 개발되고 있으며, 금강소나무 축제를 통해 지역민과 방문객 간 교류의 장으로 활용되고 있다. 또한 생태교육 체험의 장을 제공하는 등 금강소나무 군락지를 훼손하지 않는 선에서 다양한 방법으로 활용되고 있다. 금강소나무 숲 개방은 지역주민의 소득을 증가시키고 있다. 금강소나무 숲 탐방객에게는 지역주민의 집에서 민박을 하고, 지역주민이 직접 만들어 준 도시락을 권장하고 있다. 이에 따라 지역민의 소득이 증가하고 있으며, 이는 통계 자료를 통해 확인할 수 있다.

지역공동체

금강소나무는 지역공동체와 공생하고 있다. 금강소나무 숲길의 개방은 지역주민들의 참여가 적극적으로 이루어지고 있다. 숲해설사 등의 탐방가이드는 지역을 가장 잘 이해하고 있는 지역민이 교육을 통해 참여하고 있으며, 탐방객들이 이용하는 민박 및 도시락 등도 지역민이 직접 참여하여 운영하고 있다.

금강소나무 숲길의 지역민 참여 방식

구 분	숲길 운영	주민 참여 방식
코스 운영	1코스당 80명 인원 제한	금강소나무 숲길 안내 센터(방문객과 마을(해설사 연결)
운영 방식	탐방 가이드 동행	숲해설사 참여
운영 형태	구간별 책임제	마을별 숲해설사의 인수인계
편의 제공	홈페이지 또는 전화 예약	민박과 도시락(밥차) 운영
운영 주체	금강소나무 숲길 안내 센터	각 마을 산림계(마을계)
기타	유치원과 학교에 숲길 체험 지원	숲체험지도사 4명
	취약 계층 탐방 프로그램 (65세 이상 매주 2회, 20명)	숲해설사

예부터 국가 및 지역민들은 금강소나무를 지키기 위해 다양한 제도를 운영하고 있다. 국가에서는 황장봉 경계비 등을 통해 금산정책 및 봉산정책을 실시하여 금강소나무를 지키고자 하였으며, 지역민들은 송계·보계 등을 통해 금강소나무의 지속 가능한 활용을 도모하였다. 또한 마을 숲, 성황당 등은 금강소나무를 영험하다고 여기는 지역민들의 민간사상이 깃든 문화유산이다.

국가 및 지역의 금강소나무 보존정책

울진의 생태관광[46)]

울진의 생태관광은 비단 금강소나무에만 국한되지 않는다. 생태관광을 즐기는 가장 적극적인 방법은 자연 속으로 직접 들어가서 자연을 온몸으로 느끼는 것이다. 청정 자연은 그곳에 들어가는 것만으로도 우리에게 많은 유익함을 주기 때문이다. 산림욕·해수욕·온천욕 등이 그 예이다. 울진은 전국 유일 '삼욕(三浴)'의 고장이다. 금강소나무 숲을 품은 태백산맥과 왕피천의 '산림욕', 푸른 동해바다 속 '해수욕', 전국 유일의 자연 용출수로 '온천욕'까지 모두 즐길 수 있다. 여기에 풍부한 해산물과 금강송이 등으로 채워지는 만족스러운 '식욕'은 울진의 삼욕이 제공하는 덤이다.

태백산맥의 정기를 받는 산림욕

산림욕을 즐기는 가장 쉬운 방법은 생태탐방로를 이용하는 것이다. 울진에는 왕피천 생태탐방로와 울진 금강소나무 숲길이 조성되어 있다. 금강소나무 숲길은 앞서 소개했으므로 여기에서는 왕피천 생태탐방로에 대해 소개하고자 한다.

***

46) 디지털울진문화대전(http : //uljin.grandculture.net/) 및 경상북도 울진 공식 블로그(https : //blog.naver.com/uljingokr) 등을 참조하여 재구성

왕피천은 60.95km의 물길이다. 산과 절벽으로 둘러싸여 접근이 쉽지 않은 대표적인 오지인 왕피천은 국내 최대 규모의 생태경관 보전지역이다. 면적은 102.84㎢로 북한산국립공원의 1.3배에 이르고, 우리나라 전체 생태경관 보전지역의 40%를 차지한다. 이러한 왕피천에 조성된 생태탐방로는 잘 알려져 있지 않아 낯설고 평범해 보이지만 등산 마니아들 사이에서는 추앙받을 정도로 환상적인 풍경을 자랑하는, 국내에서 손꼽히는 계곡 트레킹 코스다.

삼한시대 삼척 지역의 왕이 피난을 온 곳이라 해서 이름 붙여진 왕피천은 오지 트레킹이나 계곡 트레킹 마니아들 사이에서 유명하다. 접근성이 떨어지는 것이 일반인에게는 찾기 어려운 단점이지만, 마니아들에게는 호젓하게 즐길 수 있어 장점이다. 근남면 구산리 상천동에서 서면 왕피리 속사마을까지 5km 구간은 차도가 없어 호젓한 트레킹이 가능하다. 트레킹 방법은 두 가지다. S 자로 휘어지는 계곡을 따라 모래톱과 자갈톱을 걷고 바위를 오르고 폭 5~8m 물을 건너는 계곡 트레킹을 하거나, 발을 물에 적시기 싫은 사람들은 계곡을 따라 산자락에 조성된 생태탐방로를 이용하는 방법이다.

왕피천 생태탐방로를 걷다 보면 낙동정맥을 따라 구비구비 휘어지는 수많은 절경을 볼 수 있다. 크고 작은 소(沼)와 담(潭)을 만드는 물줄기, 솟아오른 기암절벽에는 노송들이 멋스런 자태를 뽐내고 있다. 또, 왕피천은 은어와 연어가 산란을 위해 돌아오고, 산천어와 쏘가리 같은 물고기들이 물속 바위에 터를 잡으며, 산양과 수달 같은 멸종 위기 동물들이 어우러져 살아가는 곳이다.

교통이 불편한 왕피천을 편도로 걷는 것은 시간과 비용 측면에서 부담이 너무 크기 때문에 대부분 출발지로 되돌아오는 방법을 택한다. 굴구지마을에서 상류에 있는 속사마을 쪽으로 이동한다면 갈 때는 탐방로를, 올 때는 물길을 이용하는 것이 좋다. 속사마을에서 하류에 있는 굴구지마을로 이동한다면 그 반대로 하는 것이 조금 더 편하다. 왕피천은 위용에 비해 하상이 완만해 물길을 따라 걸어도 크게 힘들지 않다. 중간 지점에 있는 용소는 수심이 5m 정도로, 왕피천에서 가장 깊은 곳이다. 물길이 암벽으로 둘러싸여 있어 위험하기 때문에 계곡 트레킹을 하더라도 이 구간만은 생태탐방로로 우회하는 것이 좋다. 구명조끼와 튜브를 이용해 건너는 경우도 간혹 있지만, 물이 휘도는 소는 안전을 위해 피하는 것이 정석이다.

생태탐방로는 계곡에서 조금 떨어진 산자락을 따라 이어져 있다. 가파른 구간도 일부 있지만 계단이나 밧줄이 설치되어 있어 위험하지는 않다. 하지만 탐방로만 이용한다면 왕피천의 비경을 제대로 감상하기 힘들다.

탐방로가 산으로 올라가는 지점에서 물가로 난 길을 따르면 용소를 만날 수 있다. 왕복 400m 입구인 상천동 초소에서 용소까지는 30분 정도 소요된다. 용소를 지나 상류 쪽으로 계속 가기 위해서는 다시 갈림길로 돌아와 탐방로를 걸어야 한다. 탐방로 중간에 왕피천을 조망할 수 있는 곳이 몇 군데 있다. 왕피천의 용소에는 "왕피리에 살던 새댁이 굴구지마을 친정으로 만삭의 몸을 풀러 가던 중 용소에 살던 용이 1925년(을축년) 대홍수를 예감하고 금빛 찬란한 비늘을 번쩍이며 승천하는 것을 보게 되었다. 이를 본 새댁은 그 자리에서 눈이 멀었고, 새댁이 낳은 아이는 몸에 금빛 비늘을 붙인 채 태어났다."는 전설이 전한다.

용소 위쪽으로는 쉬기 좋은 학소대가 있다. 쉬면서 용소를 바라보니 또 다른 용의 모습이 보인다. 제일 앞의 바위는 용의 머리를 닮았고, 그 뒤로 몸통에 해당되는 암벽들이 줄지어 서 있다. 보는 방향에 따라 다른 모습을 띄는 것이 왕피천 용소의 매력이다.

불영계곡은 천혜의 비경과 자연을 지닌 울진군이 그중에서도 가장 자랑하는 청정 지역이다. 사방이 산으로 둘러싸여 있는 이 일대는 곳곳에 협곡과 유려한 지형 경관을 갖추고 있으며, 오랜 세월 인간의 손길이 미치지 않아 멸종위기종·보호종

울진 왕피천

울진 불영계곡

울진 한둑중개 © 국립생물자원관

등 야생 동물들이 서식할 수 있었는데, 특히 1~2급수에서만 사는 멸종위기종인 한둑중개가 서식하고 있다. 또한 울진의 대표적인 금강소나무를 비롯한 원시림 등 울창한 산림자원을 지닌, 국내에 드물게 우수한 자연생태계가 보존되고 있는 지역이기도 하다.

푸른 동해안의 해수욕

울진은 동해안에서 가장 긴 해안선을 지니고 있어 이름난 해수욕장이 많다. 특

울진군의 해수욕장

히 후포, 봉평 등이 전국적으로 유명하다. 최근 들어 해수욕뿐만 아니라 해풍욕을 즐기는 사람도 늘고 있다. 해안선을 따라 사철 바닷바람을 맞으며 산책하거나 명상에 잠기기에 좋다. 남쪽으로 후포항과 평해 해안 월송정을 거쳐 죽변항 일대가 해풍욕 지대로 꼽힌다. 최근 교통이 좋아지기 전까지 상대적으로 오지였던 울진이기에 때 묻지 않은 바다와 역사·문화가 함께하는 울진의 해수욕장과 해파랑길을 통해 해양생태를 온몸으로 즐길 수 있다.

울진은 대부분이 산악지대로 이루어져 군세는 그리 크지 않지만, 어느 지역보다도 아름다운 해양경관을 간직하고 있다. 특히 전국에서 가장 아름다운 관동팔경(關東八景) 중 두 곳이 바로 이 울진군에 속해 있는데, '망양정'과 '월송정'이 바로 그

곳이다. '관동팔경'이란, 관동지방에서 가장 경치가 뛰어난 여덟 곳을 말한다. '관동'이라는 명칭은 서울·경기 지역의 동쪽이라는 데에서 붙여진 이름으로, 관동 지역에서 가장 아름다운 여덟 곳 중 두 곳이 울진에 있다는 의미다.

예부터 경치가 좋기로 이름났던 이 두 곳 인근에 각각 망양정해수욕장과 구산해수욕장이 있다. 송강 정철과 겸재 정선을 비롯한 옛 선조들도 반했던 역사 깊은 문화유적지이기도 하다. 망양정해수욕장은 수심이 얕고 수온이 동해안 해수욕장 중 가장 높은 편으로, 해수욕하기에 좋다. 왕피천에서 흐르는 깨끗한 강물이 바다를 만나는 지점이기도 하다. 이곳에서는 여름마다 워터피아페스타가 열려 여름 피서지로 유명하다. 또한, 인근에 성류굴, 엑스포공원 등이 있어 1년 내내 관광객들이 찾는다. 구산해수욕장은 울창한 소나무 숲에서 캠핑하며, 산림욕과 해수욕을 함께 즐길 수 있는 곳이다. 400m 길이의 넓은 백사장과 1.5~2m의 수심, 그리 급하지 않은 경사로 가족 단위 피서객이 많이 찾는다. 소나무 사이사이로 텐트들이 옹기종기 모여 여름이면 또 하나의 작은 마을을 이루기도 한다.

동해에 솟아오르는 '해'와 동해의 '파란 바다'가 어우러진 '해파랑길'은 동해안을 즐기는 또 하나의 방법이다. 해파랑길은 부산 오륙도 해맞이공원부터 강원도 고성 통일전망대까지 10개 구간 50개 코스로, 총 770km의 길고 긴 길이다. 그중 울진의 해파랑길은 78.3km로, 총 5개 코스가 포함되어 있다.

울진의 가장 첫 번째 해파랑길 구간은 고래불해변부터 후포항 입구까지다. 이 구간은 11.9km이며, 걷는 시간으로 대략 4시간이 소요된다. 첫 고래불해변을 벗어나 백석해변을 따라 걷는 구간으로 그 밖에도 백암휴게소, 후포해변 등을 지난다. 처음 시작되는 고래불해변의 '고래불'은 지명에 대한 유래가 있다. 고려 말 대학자였던 목은 이색 선생이 이 해수욕장 앞바다에 고래가 하얀 분수를 뿜으며 놀고 있는 모습을 보고 '고래불('불'은 '뻘'의 옛말)'이라 부른 데서 연유되었다고 한다. 또한

망양정

월송정

울진군의 관동팔경

울진군의 해파랑길

울진군 백암온천

다녀오도록 하라." 답하고 휴가를 주며, 말을 지급하도록 명한 것이다. 이처럼 일제강점기 이전인 조선시대에도 온천은 병을 낫게 하는 데 아주 중요한 역할을 했다고 믿어졌고, 백암온천을 찾는 이도 있었던 것으로 보인다.

백암온천은 유황온천으로 흰 빛을 띠고 달걀 썩는 냄새가 많이 나지만 한 번 들어갔다 나오면 피부가 매끈해지고 만성 피부병과 호흡기 질환, 신경통, 천식 등을 치료할 수 있다는 장점을 가지고 있다. 그 밖에도 이 온천수는 인체에 좋은 다량의 광물질이 있어 피부 노화를 방지해 주고 보습효과, 관절염 개선, 간 기능 회복 등에도 탁월한 효과를 보인다. 백암온천의 온천수 평균 온도는 50℃로, 땅속 77~300m 밑에서 솟아오른다. 천연 알칼리성 음용수로서 위궤양과 위염 치료, 소화 기능에도 아주 좋은 편이다. 그렇기 때문에 매년 200만 명이 넘는 관광객들이 찾는 최고의 온천 휴양지라고 할 수 있다.

■ 참고문헌

강신겸, 『농촌관광, 농촌도 상품이다』, 삼성경제연구소, 2002

국립산림과학원, 「경제수종 ① 소나무」, 2012

농림축산식품부, 「농촌다움 복원을 위한 국가중요농업유산제도의 중장기 발전 방향 연구」, 2019

대구경북연구원, 「경북 금강소나무의 자연생태적 가치와 세계화 방안」, 2007

대구지방환경청, 「왕피천 유역 생태경관 보전지역 자연환경 정밀 조사」, 2008

박시현 외, 『농촌관광의 새로운 방향과 정책과제』, 한국농촌경제연구원, 2012

박봉우, 『소나무와 우리 문화』, 수문출판사, 1993

박종채, 「조선 후기 금송계 연구」, 중앙대학교 사학과 박사학위논문, 2000

배재수, 『한국의 근·현대 산림 소유권 변천사』, 국립산림과학원, 2001

산림청, 《마을 숲 현황》, 2016

산림청, 《산림 기본 통계》, 2015

산림청, 《산림유전자원 보호구역 지정 현황》, 2015

산림청, 「울진·삼척 금강송 생물권 보전지역 지정 타당성 조사 연구」, 2012

서관호, 「경주의 장소성을 활용한 유산관광 활성화 연구」, 건국대학교, 2018

울진군, 《2020 울진군 기본 경관 계획》, 2013

울진군, 《울진 금강송 우수성 연구 용역》, 2013

울진군, 《울진 금강송 산지농업시스템 국가중요농업유산 보전관리 종합계획》, 2018

울진군청, 《울진군 통계연보》, 2017

울진군, 《울진 금강송 농업유산 국제세미나》, 2018

울진금강송세계유산등록추진위원회, 『소나무 정부(政府)가 있는 울진』, 울진군, 2019

울진금강송세계유산등록추진위원회, 『울진 금강송 세계유산 만들자』, 2010

울진문화원, 『근대 신문으로 본 울진』, 2014

울진문화원, 『전내(箭川)마을의 삶』, 도서출판 대숲, 1998

울진문화원, 『울진 사향』, 2016

울진문화원,《1960년대 이전 울진 사람들의 식생활》, 2017
울진문화원,『가노가노 언제가노 열두 고개 언제가노』, 도서출판 한빛, 2010
울진문화원,『국역 울지군지』, 2012
울진문화원,『울진 고문헌 자료집성』, 2016
윤원근 & 최식인,「한국 농어업유산제도의 정립 방향」, 농촌지도와 개발, 2012
임경빈,『소나무』, 대원사, 1995
(주)누리넷,『울진 금강송 농업(산림)유산 지정을 위한 연구』, 울진군, 2016
장세길,「농어업유산, 유산관광 그리고 에코뮤지엄-농어업유산의 지역 활성화 연계를 위한 에코뮤지엄 적용 연구」, 농촌지도와 개발, 2013
전영우,『궁궐 건축재 소나무』, 상상미디어, 2014
정명철 외,『국가중요농업유산 울진 금강송 산지농업 이야기』, 농촌진흥청, 2017
진애니,「유산관광지의 고유성, 관광체험 및 체험만족 간 관계」, 순천향대학교, 2012
통계청,《행정구역별 지목별 국토 이용 현황》, 2015
한국농어촌유산학회,『농어업유산의 이해』, 2014
한국농어촌유산학회,『농어촌유산과 에코뮤지엄』, 대원사, 2016
한숙영,「문화관광체험 영역에 관한 연구 : 유산관광자를 대상으로」, 경기대학교, 2015
Humaira, Irshad,「Rural tourism-an overview」, Agriculture and Rural Development, Government of Alberta, 2010

■ 참고 홈페이지

간송미술문화재단 : http://kansong.org
경상북도청 : www.gb.go.kr
경상북도 공공데이터포털시스템 : http://data.gb.go.kr/
국가통계포털 : http://kosis.kr
국립생물자원관 : https://species.nibr.go.kr
국토지리정보원 : www.ngii.go.kr
금강소나무숲길 : www.uljintrail.or.kr
기상청 홈페이지 : https://data.kma.go.kr
기상자료개방포털 : https://data.kma.go.kr
농촌진흥청, 흙토람 : http://soil.rda.go.kr
두산백과 : www.doopedia.co.kr
브런치 : www.brunch.co.kr
산림청 : www.forest.go.kr
우리문화신문 : www.koya-culture.com
울진관광 : https://blog.naver.com/uljingokr
울진군 디지털울진 문화대전 : http://uljin.grandculture.net
울진뉴스 : www.uljinnews.com
월전미술관 : www.iwoljeon.org
위키백과 : http://ko.wikipediaorg
통계지리정보시스템 : http://sgis.kostat.go.kr
향토문화전자대전 : www.grandculture.net
한국데이터베이스진흥원 : www.kdata.or.kr
한국학중앙연구원 : www.aks.ac.kr
한민족문화대백과사전 : http://encykorea.aks.ac.kr